娘と話す

原発ってなに？

池内了著

現代企画室

＊脚注は、著者と編集部で作成しました。

＊一五ページ、五一ページ、九六ページ、一一六ページ、一四五ページの図版は、『原発はなぜこわいか』増補版（小野周監修、高文研、一九九二年）所収の図版を一部改変のうえ引用しました。

娘と話す　原発ってなに?

1　大変なことが起こったね

東日本大震災

——父さん、二〇一一年三月一一日に起こった東日本大震災で大変なことになったね。

「大地震と大津波と原発事故の三つがあいついで起こった。大地震で多くの家や建物が壊され、大津波で家やクルマや人間が流され、原発事故で放射能汚染が起こった。めったに起こらないという意味の未曾有《みぞう》の災害と言えるね。」

——なにが起こったか、じゅんじゅんに話して。

「まず起こったのがマグニチュード九の大地震だ。」

——地震のマグニチュードというのはなんなの？

「地震とは地下で岩石が壊されたり、地層が動いたりすることで生じる。その全体のエネルギーを見積《みつ》もったのがマグニチュードだ。マグニチュードが一だけ違うと、三〇倍のエネルギー差になる。」

――マグニチュード九というのは大きいの？

「神戸・淡路大震災のときのマグニチュードは七くらいで、広島に落とされた原爆のほぼ一〇〇倍のエネルギーだった。マグニチュード九は、そのおよそ一〇〇〇倍になるから、広島原爆の一〇万発分にもなる。」

――へー、すごく大きなエネルギーね。

「長さ五〇〇キロメートルもの非常に広い領域で地殻《ちかく》が動いたからね。この五〇年のあいだに世界中で四回くらい起こっている。一九六〇年にチリ沖で起こった地震はマグニチュード九・五と言われている。日本では一〇〇〇年に一回と言われるくらい大地震だった。」

――よく、震度五とか言うけれど、震度とマグニチュードはどう違うの？

マグニチュード
地震全体の規模を表すもので、地下で動いた断層の面積に変位した量をかけたモーメントマグニチュードが使われることが多い。

震度
地震動の強さを数値によって表したもので、震度〇から七までを一〇階級に分けて表示している。

「震度は、建物などのゆれ具合を示すものだ。私たちが体験する地面や建物のゆれの大きさと言ってもいい。神戸の地震のようにマグニチュードが七・二と小さくても、地面の真下で起こったから震度は大きかった。東日本大震災は、陸から離れた三陸沖で起こったのだけれどマグニチュードが大きかったから、震度もそれに比例して大きくなった。父さんは東京にいたけれど、震度四以上で立っていられなかった。」

——父さんになかなか連絡がつかなかったので心配したよ。中越地震のときも新潟県に出張していたし、父さんは地震によくあうね。

「神戸・淡路も経験したし。幸いにも、地震の中心部でなくてまだよかったけれど。」

——そして、今度の震災では一五メートルもの津波におそわれた。

「地震が起こって地下の地面が動かされると、それに反応して海水も大きく動かされて津波となる。大きな地殻変動だったから津波も大きく、また地震が起こってから一五分から三〇分という短い時間でやってきた。一九三三年に三陸大津波があったけれど、今回のと比べるとまだ小さかったくらいだ。それで津波を防ぐ防潮堤《ぼうちょうてい》などが作られていたんだけれど、それをやすやすと乗り越えたり、壊したりして、内陸深くまで津波におそわれたんだ。」

——そんな大きな津波は初めてなの？

「うーん、西暦八六九年に起こった貞観《じょうがん》地震では、今回に匹敵する大津波となったことが発掘調査で明らかになった。そんな大津波の可能性がありますよ、と警告をあたえようとしていたところだったようだ。」

——町全体が壊されてガレキだけが残され、船が流されて建物の上に乗っかっていた。とても被害が大きかったね。

「亡くなった人や行方不明の人を合わせると二万人以上にもなる。津波にさらわれた人は遠くに運ばれたりするから、行方不明のまま遺体も見つからないんだ。」

――テレビを見てて涙が出そうになったよ。

「被災者は四〇万人以上で、一〇万人以上の人が家を失って避難所暮らしをしなければならなかった。」

――電気も水道も切れてしまったので大変ね。

「体の悪い人は薬がないし、病院も被害を受けて手術もできない。学校が流されて転校しなければならない子どもたちもたくさんいる。塩水に漬かったり、地盤が沈んでしまったりした土地も多く、元通りの農地にするのも大変だ。」

――京都に住んでいる私たちには想像できないきびしさね。

「地震は不公平なのさ。」

――地震は不公平って？

「地震が起こった場所では地獄のような生活を強いられるけれど、そこから離れるとふつうの生活ができるということ。神戸・淡路の地震のときも、川ひとつへだてた大阪では、ほとんどなにごともなかった。」

――でも、これから地震の活発な時期に入って、日本全体が危ないってテレビで言ってたよ。

「中部地方の東海地震、近畿地方の東南海地震、紀伊半島・四国の南海地震と、三つの地震が続いて起こったことがあり、そろそろ起こる時期が近づいているんだ。北海道や中越沖でも地震が頻発《ひんぱつ》しているし。」

――では、日本人みんなが地震の被害者になる可能性があるの?

「そう考えると、東日本大震災の被害も日本全体で支え助け合うことが大事だね。」

福島の原発事故

――地震と津波におそわれて福島の原発が大事故を起こしてしまったね。

「地震と津波は、これまで考えたことがないほど大規模だったから、それほ

東海・東南海・南海地震の予想される場所。

ど大きなものにおそわれるということはなかなか想像できなかったのは事実だね。しかし、原発の事故は違う。天災ではなく人災の要素が強いからだ。政府も、東京電力も、原子力安全・保安院も、原子力や放射線の専門家も、みんなけしからん！」

——まあまあ、そうカッカせずに、今度の事故がどうして起こったのか、どこが人災だったのか、そこから話してくれる？

「そうだね、つい父さんは結論を急いでしまうところがあるからね。じゃ、まず原発の仕組みから話すことにしよう。」

——原発とふつうの火力発電とどこが違うの？

「原発も火力発電も、水にエネルギーをあたえて水蒸気にし、その圧力で電気タービンを回すということには変わりはない。違いは、原発では原子力エネルギーを取り出しているけれど、火力発電は石油や石炭や天然ガスを燃やしていることだ。でも、そこに大きな差がある。」

――どんな差があるの？

「くわしいことは後で話すけれど、原子力エネルギーは石油などと比べると一〇〇万倍以上も多くエネルギーが取り出せる。原子力一グラムで出せるエネルギーは、石油一トン分以上なんだ。原子力では手の平に乗る量だけど、石油では貨車一台分だ。」

――えっ、そんなに差があるの？

「だから原子力は効率的なのだけれど、それだけにコントロールがむつかしい。ちょっとした手違いでも大きな影響《えいきょう》を及ぼすからね。」

――それが今回の事故の原因なの？

「原子炉の内部で核反応が起こってエネルギーが出る。それをまわりの水に吸収させて水蒸気にする。そこを一次系と呼ぶ。原発の急所だ。地震が起こったのを察知した原発は、急いで核反応を止めた。火を消したんだ。」

――じゃ、それでいいはずじゃない？

「ところが、原発は石油とは違う。原発では火を消しても余熱がたくさん残っていて、ずっとエネルギーを出し続けるんだ。だから、その後も水で冷やし続けねばならない。」

――すぐに冷えないの？

「何年もかかる。核反応で作られたいろんな元素がエネルギーを出し続けるから、すぐには冷やせない。そのあいだずっと、危ない元素を閉じこめていないと危険なんだ。だから原発の緊急事態に対して、核反応を止める、冷やす、閉じこめる、という三つの要素が大事だと言われてきた。」

――止める、はうまくいったんだね。

「しかし、冷やす、閉じこめるには成功しなかった。」

――冷やすって、水をたくさん流し込めばいいんじゃない？

「その水を送るモーターが動かなかった。送電線が壊れてモー

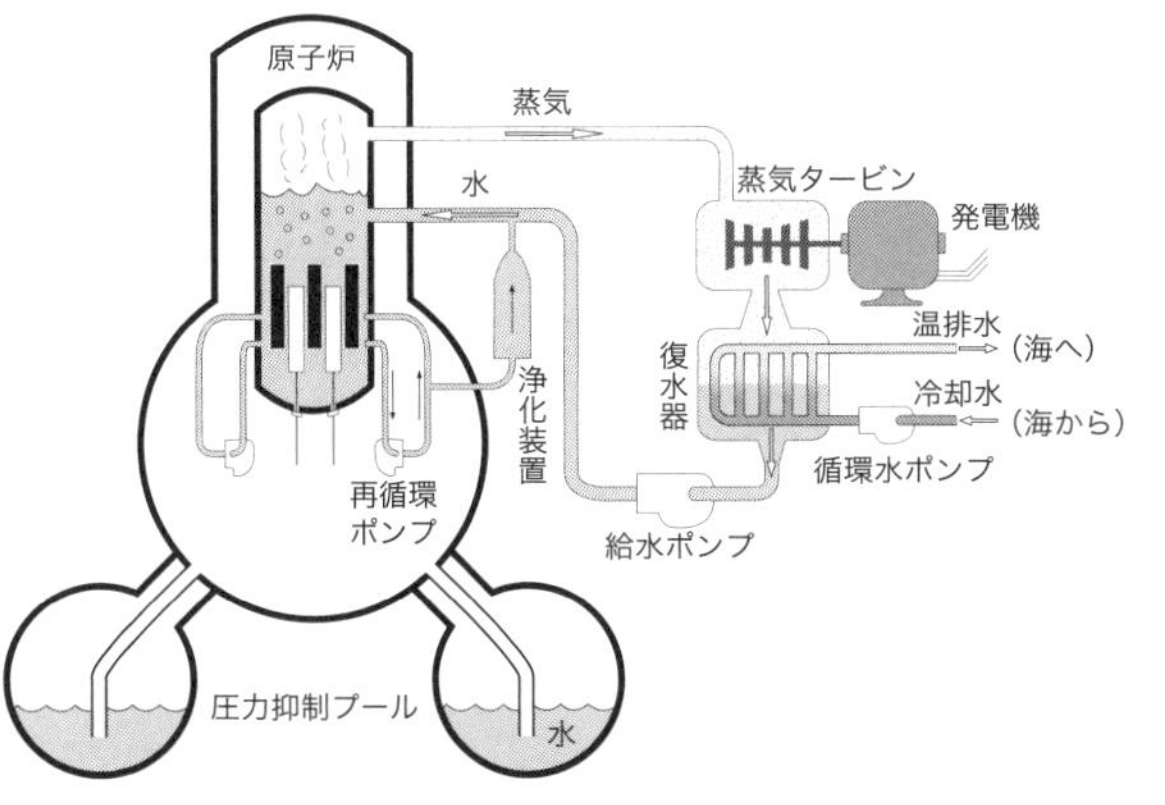

沸騰水型の原発の模式図

ターを動かす電気がこなくなった。補助エンジンも津波で水をかぶり、すぐに動かなくなってしまった。水が原子炉に送れなくなったのだ。だから冷やせない。」

――じゃ、余熱で原子炉はどんどん熱くなったの？

「そう、原子炉の燃料を入れている圧力容器、そのまわりをすっぽりおおう格納容器があるけれど、温度が上がり、水がなくなって、いわば空焚《からだ》きになったのだ。」

――母さんが、鍋に火をつけたまま忘れてしまったときみたい。鍋の水分がなくなって、カリカリに焦げつかせるのと同じね。もっと長く放っていたら、鍋が溶けていたかもしれない。

「それと似たようなことが起こった。原発の場合は、水がなくなって原子炉の燃料の部分がカリカリに焼かれると溶けてしまう。溶けると崩れ落ちてしまい、容器の底にたまってしまう。それをメルトダウン、炉心溶融《ろしんようゆう》といい、

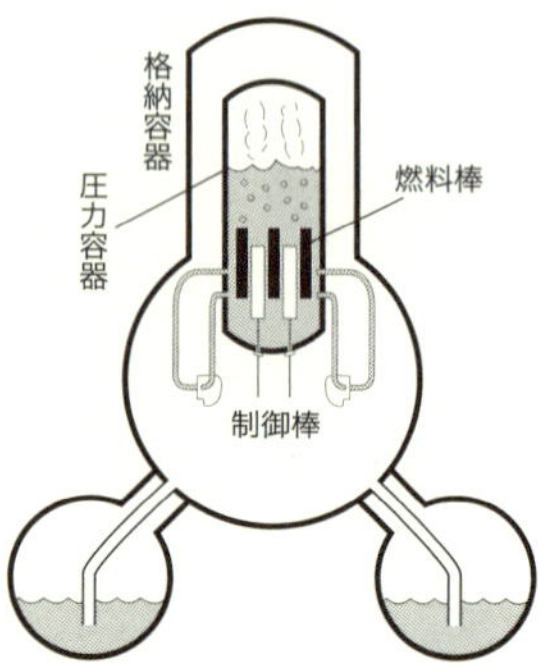

圧力容器と格納容器の模式図

福島の原子炉1、2、3号基の三基でそれが起こったのだ。」

——原子炉の内部がぐちゃぐちゃに壊れたのね？

「それだけじゃない。燃料を入れている圧力容器や、それをとりまく格納容器も熱せられて一部が壊れてしまった。そのうちに、カリカリに焼かれた燃料棒と水蒸気が反応して水素が発生した。水素は軽いから、壊れた容器からもれ出て空気中の酸素と反応して爆発し、1号基と3号基では原子炉建屋《たてや》を吹き飛ばしてしまった。当然、原子炉内部に閉じ込められていた放射能も吹き飛ばされ、あたり一面に放射能をまき散らすことになった。」

——へー、そんなことが起こったのか。

「冷やすだけでなく、閉じこめるにも失敗したんだ。しかし、そのままにしておくとますます危険だから、なんとかして原子炉を冷やし続けるよりしかたがない。今もずっと水を流して冷やす努力が続けられているよ。」

——いつまで続くの？

炉心溶融（メルトダウン）
水がなくなったために燃料棒が空中に露出し、崩壊熱のために溶けて崩れ落ちる現象。福島原発の場合、崩れ落ちた燃料棒の破片は圧力容器の底にたまり、さらに圧力容器を破って格納容器にまで達していると思われる。

「今のところ、電源を確保してモーターで水を循環《じゅんかん》させ、自動的に原子炉を冷やすことができていないから、まだまだ続くだろうね。一年以上。」

――そんなに長いあいだ続くの？

「そう、今は綱わたりをしているようなものだ。少しでも気を抜くと、原発の爆発が起こるかもしれないよ。」

――そんな、おどろかすようなこと言わないでよ。

「4号基の原子炉には燃料が入っていなかった。定期点検中で燃料棒が抜かれていたんだ。でも水素が爆発して建屋の屋根が吹き飛んだ。」

――燃料棒が入っていないのに、どうして？

「使用済みの燃料棒がプールに入れられていた。さっき言ったように、核反応が終わっても燃料棒から余熱が出続けるから、ずっと冷やし続けねばならない。それで水を入れたプールに漬けておき、水を絶えず流し続ける必要があるんだ。ところが電気が止まって水が流れなくなってしまった。」

――すると、水がお湯になって蒸発してしまうね。

「うん、それで同じように燃料棒の温度が上がってカリカリになり、水素が発生して、それが爆発したというわけだ。5号基と6号基も同じような危ない状態になったけれど、なんとか水を循環させることができて、少なくとも爆発のおそれはなくなったらしい。」

――これからどうなりそうなの？

「父さんは、福島原発の行方は、0か4か6だと言っている。0というのは全部をうまく押さえ込むことに成功するケース、そうであればいいね。でも、一基でも失敗して爆発事故が起こればどうなるだろう？」

――危険だから誰も近づかないよね。

「だったら、みんないなくなって原子炉を冷やせなくなる。そうなったら、他の原発も同じように連鎖《れんさ》的に爆発を起こすだろうね。4というのは危険性が高い1号基から4号基までが爆発、6というのは福島第一発電所にある原

福島原発事故の経過
1号基：三月一二日にはメルトダウン、そして水素爆発で建屋が吹き飛ぶ。
2号基：三月一三日にはメルトダウン。
3号基：三月一三日にはメルトダウンし、水素爆発で建屋が吹き飛ぶ。
4号基：使用済み燃料プールの水が干上がり、水素爆発で建屋が吹き飛ぶ。
5、6号基：使用済み燃料プールの水が干上がったが、冷却水の注入で安定化している。

発六基全部が破壊される可能性があるということだ。」

——えー、そんなこともあるの？

「その可能性も考えておかねばならいということだ。考えすぎかもしれないけれど、常に最悪の事態を覚悟《かくご》する必要がある。」

——アメリカのスリーマイル島の原発事故やソ連のチェルノブイリ原発事故も同じだったの？

「よく知っているね。この二つはちょっと違っていた。」

——同じような原発事故と思ってたけれど。

「スリーマイル島での原発事故は、今回の福島の事故と似ている。原発の冷却水のポンプが故障して、水の循環が止まったので緊急停止したのだけれど、原子炉を冷やすべき水がどんどん逃げてゆき、作業員の判断ミスで水を送るパイプの栓を閉じてしまったのだ。そのために空焚き状態になり炉心溶融が起こった。その後、格納容器内で水素爆発が起こってガス成分の放射能を付

スリーマイル島原発事故
一九七九年三月、アメリカ・ペンシルベニア州のスリーマイル島原子力発電所が炉心溶融事故を起こし、放射能を周囲にまき散らした。

近にまき散らしたけれど、さいわいにして大量ではなくて大きな被害はなかった。」

——どうして？

「炉心溶融が起こって、原子炉爆発の一歩手前までできていたけれど、なんとか押さえ込むことができたんだ。そのとき、チャイナシンドロームと言われたんだ。」

——チャイナシンドロームって？

「高熱になった原子炉の燃料棒が溶けて下にたまり、圧力容器や格納容器を突き破って、地面に落ちて、最後には地球をつらぬいて中国まで行くという大げさなジョークだ。実際にはそんなことは起こらないけれど、原発が思いもかけない災害をもたらすことをうまく表現しているね。」

——チェルノブイリはどうだったの？

「この場合は、原発の構造が違っていた。本来、何か危急《ききゅう》のことがあれば

チェルノブイリ原発事故
一九八六年四月、ウクライナ（当時はソビエト連邦の一部）キエフ州のチェルノブイリ原子力発電所が炉心爆発を起こし、炉心溶融と水素爆発による建屋の破壊によって多量の放射能をまき散らした。多数の死傷者を出すとともに、ヨーロッパ各地に放射能汚染を引き起こした。

原発の反応を止めるように働くはずだが、この場合も捜査員のミスもあって、逆に原発の反応を進めるように働いた。原子炉もそのような構造になっていて暴走しやすいって聞いたこともある。だから、核分裂反応が暴走して空中爆発を起こし、放射能を空気中に大量にまき散らすことになってしまったのだ。世界中が放射能汚染になやまされた。」

——おそろしい事故ね。

「福島と違うことは、たしかに放射能汚染はひどく、多くの被害者を出したけれど、一〇日間くらいでおさまったことだ。爆発で原子炉燃料の多くは飛び散ってしまったからね。」

——でも、チェルノブイリは大変な被害を出しているよ。

「それは事実で、放射能をまき散らしたことには弁解の余地はない。広島原爆のおよそ二〇〇倍が放出されたと見積もられている。また、残っている燃料棒を閉じ込めるために、コンクリートでおおってしまった。石の棺桶みたいなので、石棺と言われている。」

――うん、写真で見たことがある。でも、もう二五年もたっているので石棺もボロボロになっていて修理が必要だと書いてあったよ。

「放射能が強くてかんたんに人が近づけないから、修理もかんたんではない。そこで、さらに大きなドームのようなもので囲ってしまおうとしている。福島もうまくおさまっても同じ運命をたどるようになるだろうね。でも、まだそれ以前の段階で、原子炉内部をずっと冷やし続けねばならず、あと何年も続く可能性があって、いつ事態が終わるかわからないことが問題なのだ。それに、連鎖的な原子炉崩壊が起こればもっと大変なことになる。」

――日本ではチェルノブイリみたいなことにはならない、と言ってたけれど。

「今の状態だとチェルノブイリみたいな大爆発は起こらないというだけで、放射能汚染の危機はまだまだ残っているよ。」

――そうなのか。まだぜんぜん安心できないのだね。

チェルノブイリの石棺

「安心どころか、危険性とずっと隣りあわせで生きていかなきゃならないよ。」

どこが人災か?

——父さんは、原発事故は人災だと言ってたけれど、地震と津波が原発事故の原因になったのでしょう? だったら天災じゃない?

「地震と津波が引《ひ》き金《がね》になったことは事実だけれど、それらがくることは前からわかっていた。地震と津波がきても事故を起こさないようにしなければならない。それに失敗したのだから人災だ。」

——そんなにかんたんに言えるの?

「まず日本という国は「豆腐《とうふ》の上の国」と言われていること知っている?」

——お豆腐の上?

「お豆腐みたいにやわらかい地盤の上にあるって意味だ。地震がしょっちゅう起こり、地面にはたくさん亀裂《きれつ》、これを断層《だんそう》というのだけれど、が走っている。さらに海で地震が起こると津波におそわれる。およそ原発を作るのには適していない国なんだ。」

——それにもかかわらず五四基も原発を作ってきた。

「よく数をおぼえていたね。それもみんな海岸縁《べり》だ。」

——どうして海岸縁に作ってきたの？

「発電機を回した水蒸気を冷やして水に戻し、それをふたたび原子炉に送り込む。水蒸気を冷やすためには冷たい水が必要で、日本では大きな川がないから海の水を使う。だから、すべて海岸縁に作られているんだ。」

——津波がくればいっぺんにやられてしまうじゃない。

「福島県など三陸海岸は津波が多いから、危険地帯と言われていた。にもかかわらず、第一発電所に六基、第二発電所に四基も作ってきた。」

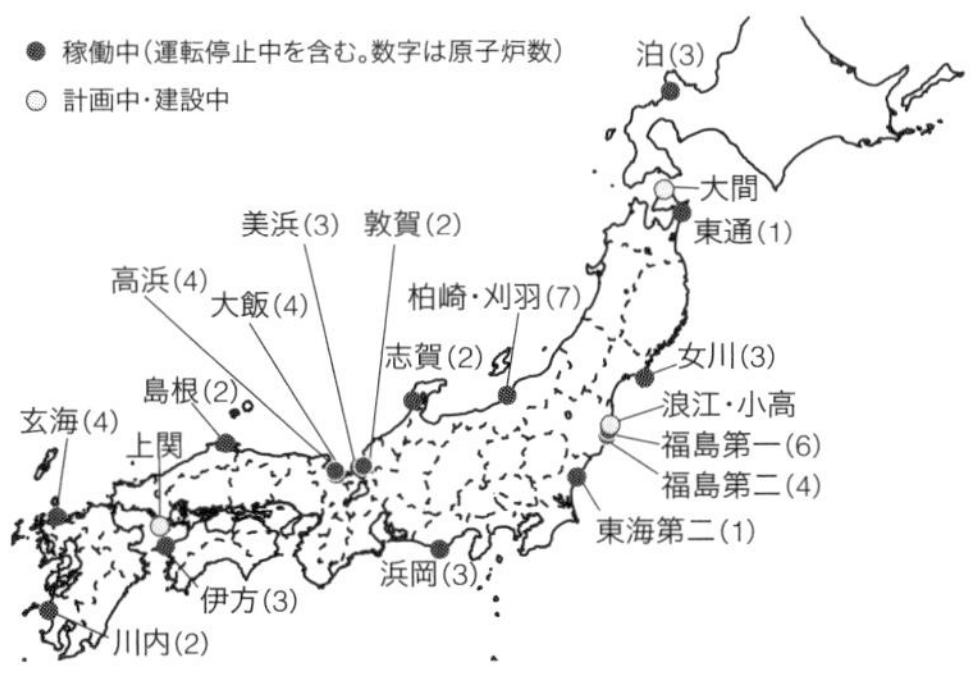

日本の原発建設場所

――ずいぶん危険なことをしてきたんだね。

「そう思うだろう。そもそも地震と津波が多い日本には原発を作るべきではなかったのだ。それを強行してきたのがまちがいの大本《おおもと》だと言えるね。」

――そんなこと言ってももうおそいよ。これだけの地震や津波がきてもだいじょうぶ、というふうに作られていなかったの？

「それを「想定」という。いかなる建築物でも、無限に強い建物を作ることはできない。それにはお金がむやみにかかるし、建築期間も長くなってしまう。それに、五〇メートルの厚さの壁や一〇〇メートルの太さの柱なんて建物は使い物にならない。そこで、地震ならマグニチュード八、津波なら五・八メートル、という限度をもうけて設計し建築した。それらが想定値で、それをうわまわれば壊れるという意味だ。」

――今度の地震や津波は「想定外」だったとよく聞くよ。

「想定した以上だった、だから責任はありません、という言いわけとして

「想定外だった」と言っている。しかし、危険な死の灰をたくさん内部に持つ原発に想定値は通用するものだろうか？」

——ある値を想定しなければ作れないんでしょう？

「じゃ、想定以上の地震がくれば原発は壊れて、死の灰をまき散らしますよ、それでもいいんですか？　と言わなければならない。そうしたら人びとはどちらにするか決めることができるし、責任も持てる。」

——そんな言いかた聞いたことがないよ。

「実際は、これほどがんじょうに作り、何重もの用心をしていてだいじょうぶです、絶対安全です、としか言ってこなかった。これを「安全神話」という。」

——なぜ、神話って言うの？

「根拠もないのに、あたかもホントらしく語り伝えられるからだ。」

——学校でも、原発は安全で、効率的で、クリーンだから地球温暖化をくいとめるエースです、って教えられたよ。

「国が音頭《おんど》をとって原子力を推進し、電力会社がばくだいな広告費を使って安全だと言い続けてきた。有名人が、テレビで原子力発電を宣伝していたよね。それで人びともそれを信じるようになってしまった。父さんたちは、そうではありませんよ、危ないですよ、と言ってきたけれどほとんど無視されてしまったんだ。」

――それでドンドン原発を作るようになってきたのか。

「最近まで、さらに日本で一四基もあらたに原発を作ろうという計画もあった。しかし、今回の事故ですくなくとも当面はストップするだろう。」

――人災って、無理して原発を作ってきたことなの？

「それ以外にもまだまだある。まず、福島原発の1号基は建設後四〇年もたつ。古くさい型だから、もう止めて廃炉にすべきなのだが、まだ使い続けようとしてきた。昔は三〇年で廃炉にすると言ってたけれど、それをどんどんのばし、今六〇年もたせると言っている。地震の大揺れで内部の機器が壊れた可能性が指摘されているけれど、どんな機械でも長く使い続けているとガタがくるだろう。父さんの体みたいに。」

――父さんの体はもう六六年も使い続けてきたからね。

「体は取り替えがきかないけれど、原子炉はスクラップにすればいいんだ。それをむりやり使い続けようとしたことも人災だ。安全性を甘く見積もってきたからね。」

――うちの電気製品は三〇年くらいで故障して動かなくなったと言ってたね。

「古くなるとホコリがたまって発熱したり、金属部分がもろくなって壊れやすくなる。原子炉みたいに、強い熱と放射線と水圧にさらされ続けていると、いっそうもろくなる。もし地震の震動で機器が壊れたのなら、このうえない人災だ。」

――ほかには？

「地震の揺れで外部電源を引き込む鉄塔が倒れて電気が流れなくなり、原子炉を冷やす水が流れなくなった。さらに補助エンジンも津波で水をかぶったためすぐに動かなくなった。それで空焚き状態になり、炉心が溶けてしまったんだが、これを電源喪失事故《でんげんそうしつ》という。原子炉を動かす電源は細心の注意を払って設置しなければならないのに、屋外に放置していた。これも人災だ。」

――電気を作る発電所に電気がこずに事故になるなんて。

「なんだかへんてこりんだね。それから、冷却水が止まって原子炉内のガスの圧力が高くなっていった。そのときベントといって、小さな窓を開けて中のガスを抜くようになっているけれど、ベントの作業が遅れた。また、どんどん炉内の温度が上がっていくので海水を入れるしかないのに、それも遅れた。」

――どうして遅れたの？

「ベントは放射能をふくんだガスを空中に出すから、それで非難されることをおそれたんだ。海水を入れるのが遅れたのは、海水を入れるともう原子炉は使えなくなることをおそれたらしい。海水には塩だけでなく、いろんなものが混じっていて原子炉がボロボロになってしまうからだ。せっかくの原子炉が使いものにならなくなるのを心配して、海水を入れるのをためらったらしい。」

——原子炉を守るほうを優先したんだ。

「だからこれも人災だ。ほかにも、汚染水があふれて海に流したけれど、事故が起こった際の冷却水の通路のことをまったく考えていなかったなど、いろいろ人災の要素が多くある。天災が引き金になったことで、人災の部分があぶり出されたという感じだね。」

——でも、電力館に見学に行ったとき、原発は五重の壁で守られているから、けっして大きな事故にはならないって説明していたよ。

「五重の壁といっても、本当に壁だったのか疑問が残るね。ひとつは、ウランなどの燃料をペレットというカプセルのような小さな塊にして、そこから漏れないようにする。二つ目はペレットを、ジルコニウムという合金でできた鞘《さや》のなかに入れて燃料棒に閉じこめる。しかし、これらはウランなどが水の中に溶け込まないようにする措置だから、壁というより、当たり前のことなんだ。単純に言えば、車のガソリンタンクのようなものだからね。」

――あとの三つの壁は？

「燃料棒が入っていて反応が進む圧力容器、それを囲んで水蒸気の圧力を調整する格納容器、そして原子炉が入っている建屋、その三つだ。でも、それらは有効に働かず、けっきょく放射能を外部にばらまいてしまった。泥棒が外部から入ってきてウラン燃料を盗むのを防ぐのには五重の壁になっていたけれど、冷却水が止まって温度がドンドン上がっていくような内部の事故には壁の役目を果たさなかったのだ。」

――鍵をしっかりかけて外からは泥棒が入ってこられないようにしても、

ペレットと燃料棒の模式図

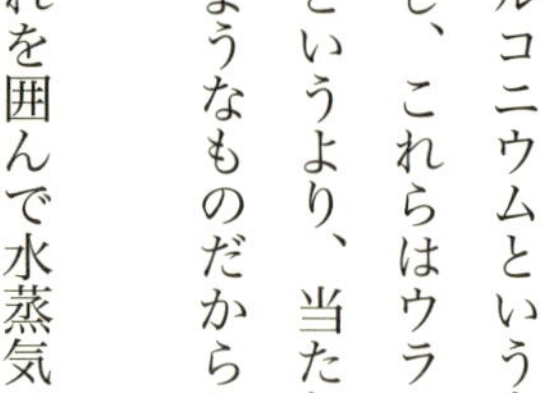

圧力容器と格納容器と建屋の模式図

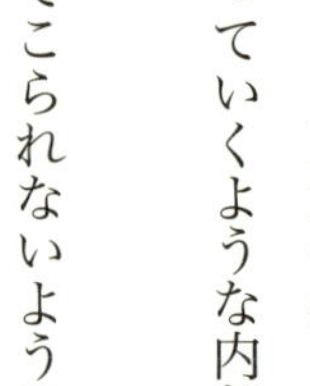

中の人間が盗んでしまったらなんにもならない。

「うまいこと言うね。もっとも、ミサイルや飛行機が原子炉めがけて突入してきたら大爆発を起こすだろうから、お手上げだ。」

――そんなおそろしいことも考えられるの？

「考えたくないけれど、可能性としてはある。だから原発は核兵器と同じ、と考えたほうがいいのかもしれない。本当に世界が平和にならなければ、原発を作っちゃいけないってことだね。」

2　原子力エネルギーって?

原子核の世界

——原子力とか放射能とか核反応とかの言葉が出てきたけれど、それをもっとくわしく教えてほしいな。

「そうだね、私たちの日常世界とは違った世界の話だからね。」

——原子力エネルギーっていったいなんなの?

「それには、私たちの体の成り立ちから言わねばならない。私たちは非常に多数の原子からできていることは知っているだろう?」

——うん、原子が集まって分子になり、分子がたくさん集まって高分子になり、私たちの体は高分子が多数集まったものだってこと聞いたことがあるよ。

分子(水)の模式図

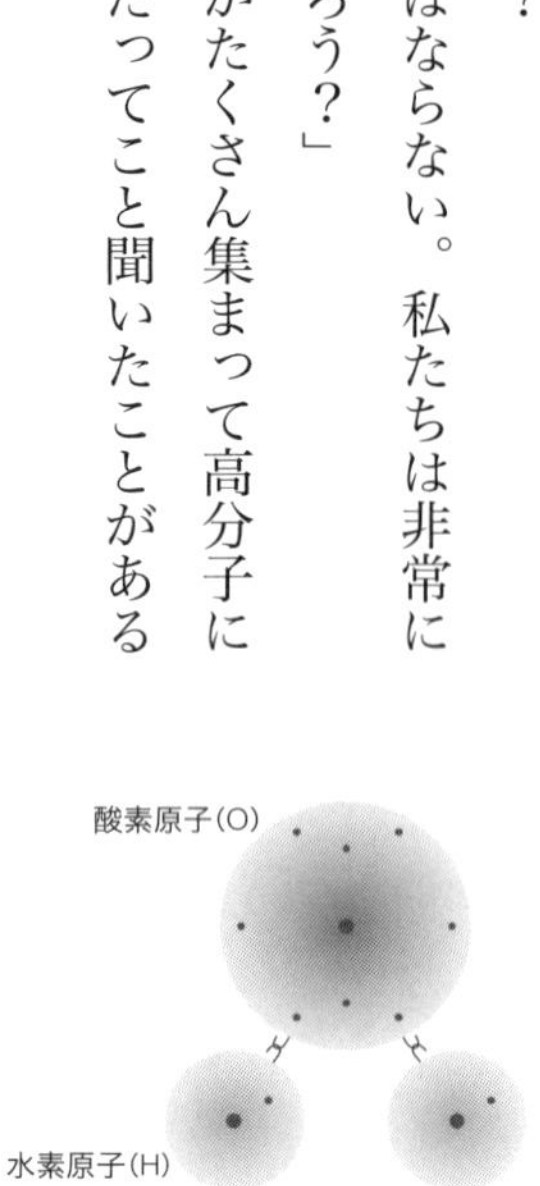

「逆に、もっと小さい世界を考えてみよう。原子はなにでできているのだろうか。」

——そのことは教えてもらったことがないよ。

「原子は、原子核という原子の中心にあるごく小さい物質とそのまわりを回る電子から成り立っている。」

——電子は知っているよ。コンピューターも電子が動いているんでしょ？

「電子メールとか電子機器という言いかたをしているけれど、それは電子の流れをいろいろ操作しているからだ。」

——原子核は初めて聞くよ。

「核というのは中心にあるものという意味だ。原子の中心にあるから原子核。その大きさは原子の一〇万分の一と小さい。」

——ずいぶん小さいね。

「甲子園を一個の原子だとすると、原子核は砂つぶくらいの大きさだ。けれ

高分子

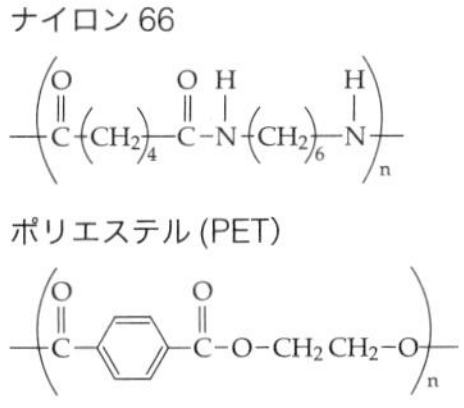

原子の模式図

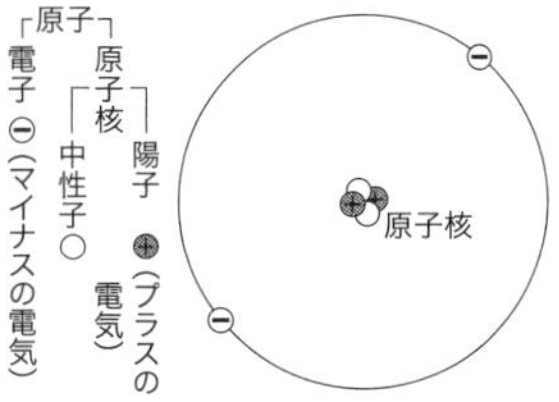

ど、原子の重さのほとんどは原子核が担《にな》っている。原子核はプラスの電気を持ち、電子はマイナスの電気を持っているから、電気のあいだに働く力で結びあっている。それは、私たちがよく知っている世界だ。」

――電気のプラスとマイナスが引き合い、プラス同士やマイナス同士は反発するのだったね。

「よく知っていたね。電気のあいだに働く力だ。ところが原子核をくわしく見ると、陽子という粒子と中性子という粒子が強く結びあっていることがわかった。中性子は電気を持っていないから、結びつけているのは電気の力ではない。そのうえ、すごく働く力が強い。」

――電気のあいだに働く力とは違うのね。

「それを解明したのが日本の湯川博士で、原子核の内部では電気の力よりもっと強い力が働いていることを明らかにした。」

――原子核では違う力が支配しているんだ。

原子核内部の模式図

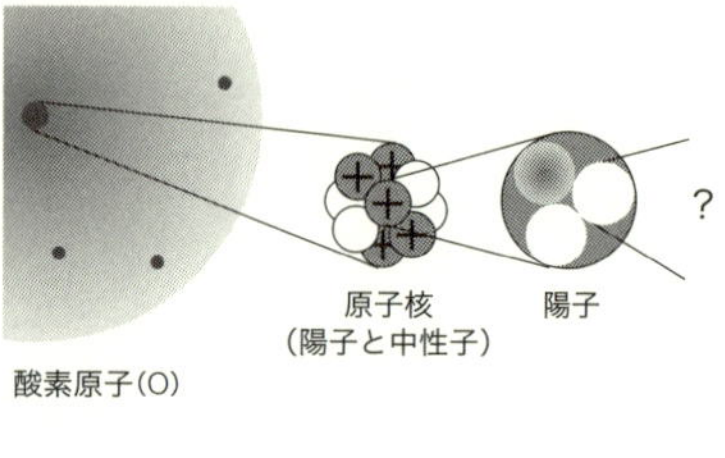

湯川秀樹（ゆかわひでき）一九〇七～一九八一。理論物理学者で、原子核内部に働く力の存在を明らかにした。これにより

「その通り。その力は、電気のあいだに働く力に比べて一〇万分の一の距離にしか影響を及ぼせないけれど、その強さは何百倍も強い。だから、その力がおよぼす作用もずっと大きいので、すごいエネルギーが生み出せるのだ。これを核力という。電気のあいだに働く力より強く、原子核の内部で働いているためだ。」

——それによって取り出されるのが原子力エネルギーなのね。

「正確には、原子核内部の力だから、原子核エネルギーと言うべきだろうね。」

——では、私たちが使えるのは、重力以外に、電気の力によるエネルギーと、原子核の力による原子核のエネルギーがあるのね？

「人類は長いあいだ、電気のあいだに働く力や、それによって得られる電気エネルギーしか知らなかった。しかし、原子核を研究するうちに新しい力とエネルギーを見つけ出したのだ。」

——ぜんぜん違う力が見つかったんだ。でも、どう違うの？

一九四九年にノーベル賞を受賞。晩年は核廃絶の平和運動に取り組んだ。

「電気の力による反応を化学反応といい、原子核内部の核力による反応を原子核反応という。そこには徹底《てってい》的に異なる要素がある。かんたんにまとめてみると次のような表になる。」

	化学反応	原子核反応
サイズ	一億分の一センチ以上	一〇兆分の一センチ以下
関与する力	電気のあいだに働く力	強い力（核力）
温度	一〇〇〇度以下	一〇〇〇万度以上
主な反応	原子の結合《けつごう》・解離《かいり》	原子核の分裂《ぶんれつ》・融合《ゆうごう》
エネルギー	化学エネルギー	原子力エネルギー
起こっている場所	地球	太陽

——ぜんぜん違うものなんだね。

「地球上のすべての生物は化学反応で生きている。私たちの体も化学工場のようなもので、いろんな化学反応が組みあわさって生きているといえるのだ。また、さまざまな機械も化学反応で動かしている。」

——どんなものがあるの？

「電気を起こすには発電タービンを回すのだけれど、それは温度の高い水蒸気の力を使っている。水が水蒸気になるのは化学反応だ。」

——石油や石炭を燃やすのも化学反応ね。

「そういうこと。人間は長いあいだ化学反応の世界で生きてきたし、機械も化学反応で動かしている。そこに、あらたに原子核反応が登場した。」

——いつごろ？

「原子核反応そのものは一〇〇年も前から研究されていたけれど、原子核エネルギーを取り出して利用し始めてからは、まだ六六年しかたっていない。」

——原爆でしょう？

「そう、最初に登場したのが原爆で広島と長崎に落とされ、多数の犠牲者を出した。」

——原爆の次が原発なの？　その違いはなんなの？

「その違いはこれからじゅんじゅんに話していこう。まず最初に、潜水艦にのせる原子炉が造られた。エネルギーを取り出すのに酸素がいらないから、海の底に長いあいだ潜っていられるので目をつけられた。そして、その原子炉を大型にして原子力発電（原発）に利用するようになった。原子力の平和利用と言われた。それが一九五三年ころだ。原爆の開発からほぼ一〇年だね。」

——ふーん、ドンドン進められていったんだ。

「急速に進んだこともあって置き忘れてきた問題がある。私たちが身につけている化学反応の技術で原子核反応をコントロールできるか、ということだ。」

——技術が進めばそうできるかもしれないよ。

「そう考えて、原子力も支配できると考えてきたけれど、そうかんたんではないことがわかってきたのだ。いろんな事故が起こって初めて学んでいるようなところもあって、人体実験しているようなものだ。」

——人体実験って？

「生きている人間を実験に使って、病気の原因や薬のききめを調べるってこと。でも人間を犠牲にして得られる知識ってなんだろうね。」

——まだどんな作用があるかわかっていないのに、人間の体を使って実験しているようなものなの？

「そうだ。薬や化学物質を実験が不十分なまま売り出し、被害を出してから、回収したり製造を禁止したりしている。あれも人体実験しているようなもので、それと同じことだ。」

——原子力エネルギーではなにがむつかしいの？

「単純に言えば、地球の人間は化学反応の世界の一〇〇〇度のものをあつかう技術しか持っていないのに、原子核反応の一〇〇〇万度以上をコントロールしようというところに無理がある。結局、原子核反応が暴走したりかんたんにあつかえなくなると、水をかけて冷やすしかない。水の化学反応で原子核反応を押さえ込もうというわけだ。今度の原発事故がそうで、すごく大変なことがわかるだろう？」

連鎖反応

――エネルギーを出すときの化学反応と原子核反応との違いはどこなの？

「化学反応は、ふつうは石油や石炭などおもに炭素でできた燃料が酸素とくっついてエネルギーを出す。酸化反応だね。そして廃棄物として二酸化炭素が出てくる。私たち人間も呼吸していて、酸素を吸い込み、二酸化炭素を吐き出しているね。栄養物を酸化反応で燃やしてエネルギーを取り出しているんだ。」

——それで人間の体は化学工場のようなものと言えるんだね。

「原子核反応でおもに使われているのは、核分裂の連鎖反応だ。」

——核分裂って？

「ウランという元素には、中性子という粒子を吸収すると分裂してエネルギーを放出するタイプがある。核が分裂してエネルギーが出るから核分裂。」

——じゃ、連鎖反応は？

「ウランが分裂したとき中性子が二個か三個飛び出てくる。その飛び出た中性子を別のウランに吸収させると分裂する。するとまた中性子が飛び出てくるから、それを別のウランに吸収させるとまた分裂することになる。するとまた……ととぎれなく反応が続くことを連鎖反応と言う。」

——反応が続くかぎりエネルギーが出続けるの？

「そうだ。だから、原子核反応と化学反応は根本的に違うものだということがわかるだろう？」

核分裂反応の模式図

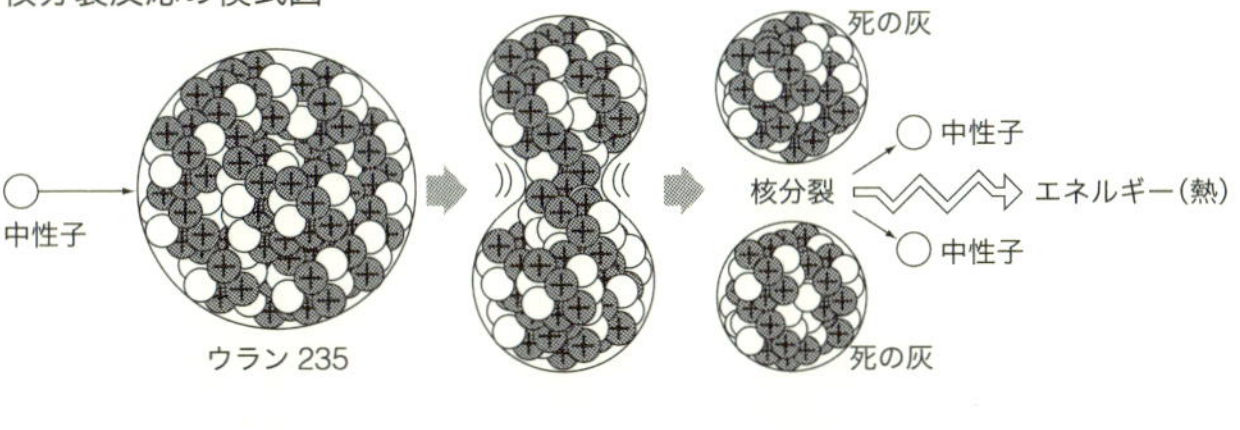

――燃やす化学反応には酸素が必要で、核分裂反応には中性子という粒子が必要なんだね。

「反応を引き起こす種《たね》みたいなものだ。だから、原子核反応には酸素がいらない。じゃ、廃棄物はどうだろうか？」

――燃やす化学反応では二酸化炭素を出すけれど、原子核反応では二酸化炭素を出さないね。

「そう、炭素を燃やす反応では二酸化炭素が廃棄物となって、外部に放出される。空気中の二酸化炭素が増加したことが地球温暖化の原因と言われ、それを出さない原子力エネルギーはクリーンと宣伝されたんだ。」

――だって、二酸化炭素を出さないからクリーンじゃない？

「そうじゃないことは、今度の放射能汚染でわかっただろう？」

――二酸化炭素は出さないけれど放射能を出すってこと？

「そういうことだ。放射能は、放射性物質あるいは死の灰（放射性廃棄物）

とも言われる。二酸化炭素どころではない危険な廃棄物だ。それについてのくわしいことはあとで話そう。」

――つぎつぎと中性子を吸収して核分裂を起こすのが連鎖反応だったね。

「連鎖反応に二つのタイプがある。ウランが分裂したとき二つ中性子が飛び出るとしよう。出てきた中性子二個を別の二個のウランに吸収させると、二個のウランが分裂して四個の中性子が飛び出る。それを四個のウランに吸収させ分裂させると八個の中性子が飛び出る、八個が一六個、一六個が三二個、というふうに倍々ゲームで分裂するウランの数がどんどん増えていく場合がひとつのタイプだ。」

――ウランが分裂するたびにエネルギーが出るのでしょう? そしたら、数がどんどん増えていくとすごく大きなエネルギーが出るね。

「それが原子爆弾、つまり原爆だ。原爆は、連鎖反応を暴走させたようなものだ。」

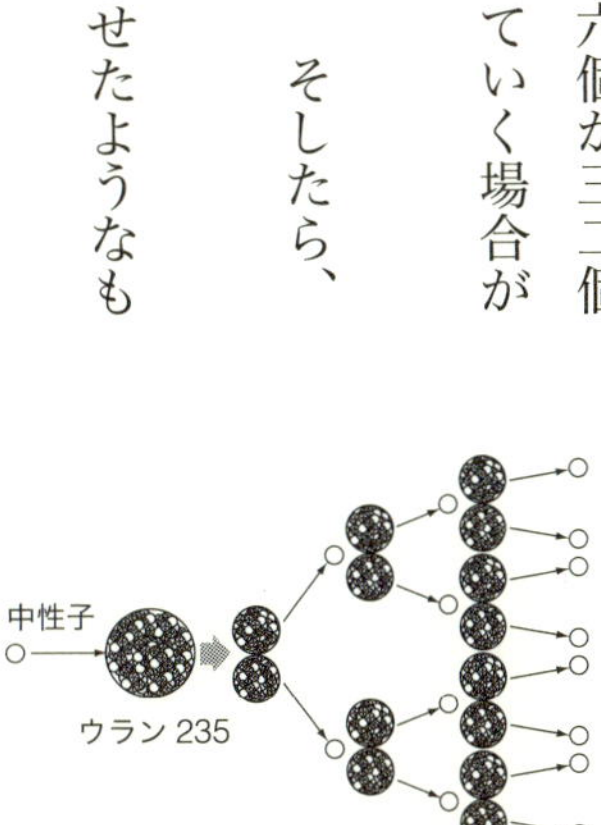

倍々ゲームの連鎖反応の模式図

——じゃ、もうひとつのタイプの連鎖反応は？

「ウランが分裂したときに出てくる二個の中性子のうち一個を分裂しない物に吸収させるんだ。そうして残った一個の中性子で次のウランの分裂を起こす。また二個飛び出してくるから、一個を吸収させ一個をウランの分裂に使う。これを制御反応《せいぎょ》という。人間の手で中性子の数が増えないよう制御しているからだ。」

——うーん、うまいことを考えるね。でも、本当にそんなことできるのかしら？

「それを実現したのが原子力発電、つまり原発だね。分裂してエネルギーを出すウランを詰め込んだ燃料棒のそばに、中性子を吸収しやすい物質でできた制御棒を差し込んでおき、それで中性子の数が常に一定になるように制御するというわけだ。すると、いつも一定のエネルギーを出すようにできる。」

——でも、ちょっとでもまちがえば、原爆のようになってしまうんじゃな

制御した連鎖反応の模式図

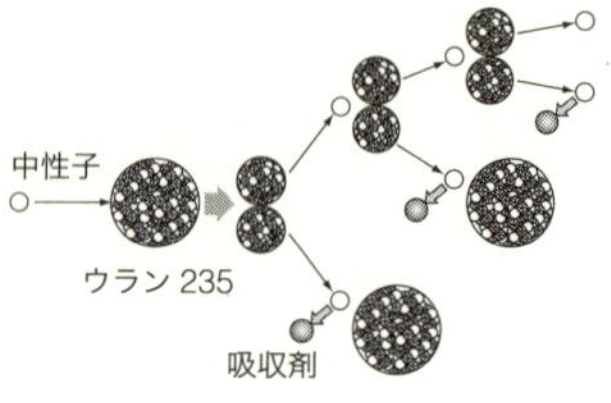

いの？

「じつは、連鎖反応が進み続けるためには、ある一定量以上のウランを寄せ集めねばならない。これを臨界量《りんかいりょう》と言う。ウランが臨界量より少ないと、飛び出した中性子はウランに吸収される前に外の元素に吸収されたり、外に飛び出てしまったりするからね。原発では、制御棒を出し入れして臨界量ぎりぎりになるよう調節《ちょうせつ》しているんだ。」

——制御棒を出し入れするの？

「そう、制御棒を抜く（出す）と吸収される中性子が減るから核分裂反応が多く起こり、深く差しこむ（入れる）と中性子を多く吸収して核反応する数が減る、というしかけだ。」

——じゃ、制御棒が動かなくなったり、核反応を減らしたいのに抜いてしまったりすると大変なことになるね？

「さっき話したソ連で起こったチェルノブイリの原発事故は、原子炉の欠陥のために、核反応を止めようとしたのに逆に制御がきかなくなって大爆発を起こしたらしい。」

——今度の福島も同じようなことが起こったの？

「いや、福島の場合は、地震が起こったとき制御棒はちゃんと差しこまれて核反応を止めることには成功した。そこまではよかったけれど、そのあとで重大な事故になった。問題は、放射能にからむことなんだ。」

原爆と水爆

——その前に原爆と水爆の違いを教えてくれない？　どちらも核反応を使っているものでしょう？

「水爆は、正しくは水素爆弾のことだ。」

——福島で起きた水素爆発のこと？

「いや違う。水素爆発は、もれ出た水素という元素が酸素とくっついて爆発的に燃えること。水の電気分解と逆の反応だ。だから、化学反応だ。」

――じゃ、水素爆弾はなに？

「二個の水素の原子核をくっつけてエネルギーを取り出すから原子核反応で、やはり化学反応とは根本的に違う。」

――核分裂とも違うの？

「二つの原子核をくっつける、融合させるので核融合反応というのが正確だ。その反応でもばくだいなエネルギーが出てくるんだ。太陽が輝き続けられるのは、この反応が起こっているためだ。」

――原子核ってかんたんにくっつくものなの？

「かんたんではなく、とてもむつかしい。原子核はプラスの電気を持っているから、プラス同士の原子核二つをくっつけようとしても互いに反発しあうからだ。」

――そうだったね。電気がプラス同士、マイナス同士は反発し、プラスと

核分裂と核融合
ウランのような非常に重い元素は、複数に分裂したときにエネルギーを放出する。これが核分裂。逆に、水素のような軽い元素は二つくっついた（融合した）ときにエネルギーを放出する。これを核融合という。

マイナスだったら引きあうんだ。

「だから、ふつうの温度ではくっつかないけれど、一〇〇〇万度を越えるくらい高温にすると、たがいに激しくぶつかりあうから、くっつくようになる。」

――えー、一〇〇〇万度？　そんな高い温度にしなくちゃならないの？

「電気のあいだの反発しあう力は、それくらい強いってことだ。」

――でも、一〇〇〇万度もの高い温度をどうして作るの？　石油をどんどん焚くのかしら？

「いや、石油をいくらたくさん焚いても、せいぜい二〇〇〇度くらいにしか上がらない。化学反応では無理なんだ。」

――じゃ、どうするの？

「原子核反応を利用する。つまり、原爆を爆発させるのさ。」

――原爆では、そんなに高い温度になるの？

「そう、核分裂を起こすと瞬間的に一億度もの高温になる。それで水素の原子核を一気に熱して核融合反応を起こし爆発させる。それが水爆だ。」

——じゃ、原爆がマッチの役割を果たして、石油のように燃え上がる水爆に火をつけるようなものなの？

「うまいこと言うね。水素がたくさんあれば、いくらでも大きな水爆にできるんだ。」

——原爆だってそうじゃないの？

「原爆の場合、爆発するとふくらんでいくから、飛び出してきた中性子がウランに吸収されなくなってしまう。密度が下がってスカスカになっていくからね。だから、爆発力が限られてしまう。それでも、広島に落とされた原爆は一七キロトンと言われている。」

——キロトンって何のこと？

「その爆発力を、火薬何トン分に当たるかを示したものだ。キロは一〇〇〇倍ということだから、キロトンは一〇〇〇トンを意味する。一七キロトンは、

水素の核融合反応

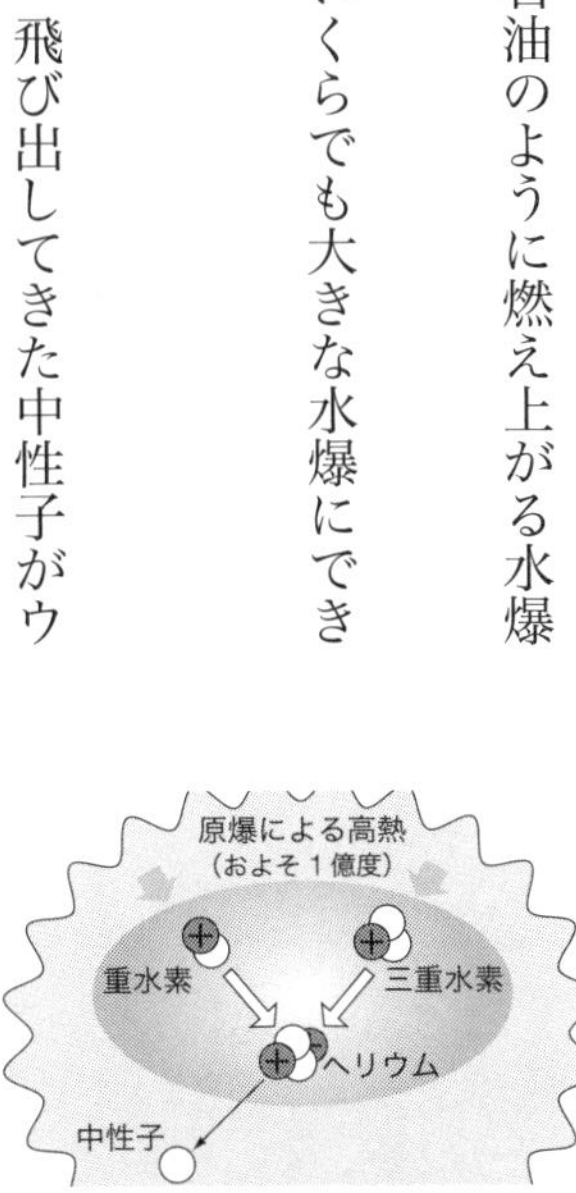

水爆の模式図

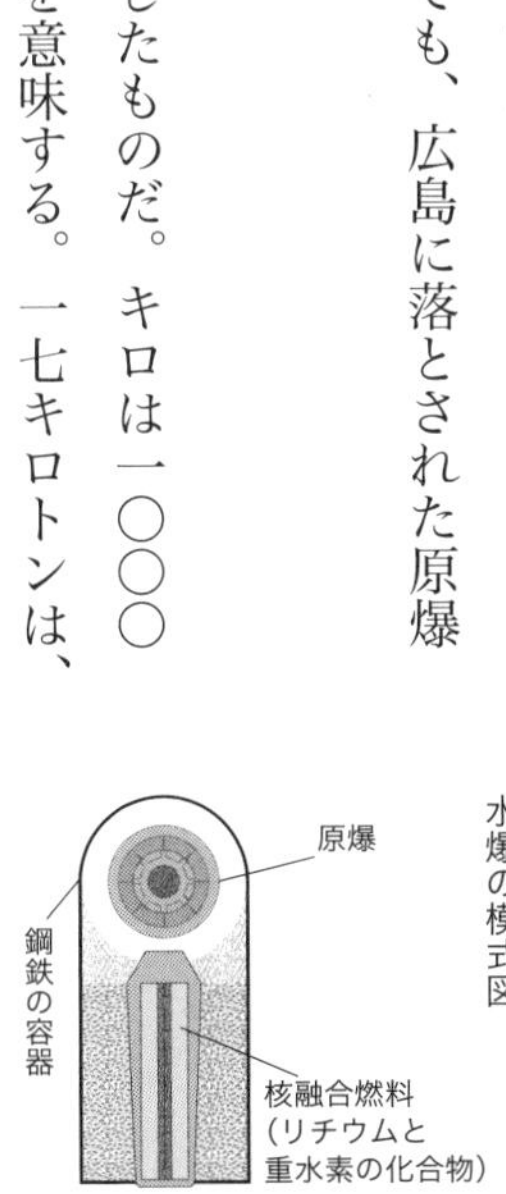

その一七倍だから一万七〇〇〇トン分の火薬が爆発したのと同じということだ。」

——火薬一万七〇〇〇トン分って、すごい爆発力ね？

「それが飛行機で運べるくらいの大きさだ。原爆の爆発力は、せいぜい五〇キロトン、火薬五万トン分が限度らしい。臨界量があって、それ以上は無理なようだ。ところが水爆は、もっともっと大きな爆発になる。」

——火薬五万トン分だってすごいのに、もっと大きくできるの？

「水爆の場合は、温度さえ一〇〇〇万度を越せばいいから、原爆を何個も爆発させていっせいに火をつけたり、原爆でぎゅっと押し詰めたりすると、たくさんの水素が反応して爆発力を大きくできるんだ。」

——どれくらいになるの？

「これまで作られた水爆の最大のものは、五〇メガトンと言われている。」

——こんどはメガトンなの？

「メガは一〇〇万倍という意味だから、メガトンは一〇〇万トン。その五〇倍の五〇メガトンは火薬五〇〇〇万トン分の爆発だ。」

――えっ、五〇〇〇万トン？　想像できないよ。

「そうだろうね。小さな島ひとつをふっ飛ばすくらいの威力だ。もしこれが東京に落とされたら、三〇〇万人は殺されるだろうね。」

――すごくおそろしい武器を作ってしまったのね。

「一九五四年にアメリカが南太平洋のビキニ島で水爆実験をおこなった。そのときマグロ漁に出ていたのが第五福竜丸という漁船で、立ち入り禁止領域の外で漁をしていたにもかかわらず、たくさんの放射能を浴びた。その結果、一人の漁船員が原爆症で亡くなったし、他の乗組員もガンなどで亡くなった。」

――そんな事件もあったのか。でも立ち入り禁止の外にいたんでしょう？

「立ち入り禁止領域をこえて放射能が広くばらまかれたからだ。水爆の威力をアメリカ自身も知らなかったらしい。」

——原爆も水爆もおそろしい武器ね。

「そして、原爆や水爆をのせた核兵器を世界中で五万発以上も作ってきた。もしそれが、核戦争によって地球のあちこちで全部爆発したらどうなるだろう?」

——人類はいなくなっちゃう。

「人類だけではなく、地球上の生物も絶滅してしまうよ。〝核の冬〟ということが言われたことがある。核兵器が全部爆発すると、森林が燃え、砂や土が空中に舞い上がるから太陽の光をさえぎってしまい、地球は冷えて冬になってしまう、と予想されるからだ。」

——大きな隕石が飛んできて地球にぶつかり、温度が下がって恐竜が絶滅《ぜつめつ》したんだって?

「恐竜だけでなく、たくさんの生物も絶滅した。それの何倍もの爆発になるから、もっと多くの生物が死に絶えることになるだろうね。」

——でも、核戦争は起こらないのでしょう？

「いやいや、まだ地球には二万発もの核兵器があるから、安心はできない。核兵器を全部なくしてしまわないと、広島や長崎のような悲惨なことも起こりかねない。核兵器全廃を言い続けねばならないんだ。」

——本当ね。ところで、爆発させたら原爆で、爆発させずにゆっくり反応させれば原発だったよね。すると、水爆も爆発させずにゆっくり反応させて電力を取り出すことはできているの？

「いや、まだできていない。水素を一〇〇〇万度以上の高温にして、それをしばらくたもっていなければならない。ゆっくり核融合反応を起こさせる必要があるからね。しかし、一〇〇〇万度もの高い温度で水素を閉じこめておく壁ができないのだ。それが実現しているのは太陽などの星だ。」

——どうして太陽や星ではできているの？

「太陽や星は地球よりずっと重たいから中心部は一〇〇〇万度をこえるような、高い温度になっている。まあ、その重みで温度の高い水素を閉じこめておけるとも言えるね。ところが、地上では閉じこめる方法がない。」

——そんなに高い温度だったら鉄だって溶けてしまうのか。

「どんな金属だって無理だね。何か別の方法を考えなくちゃならない。その説明はむつかしくなってしまうから、これで打ち切ろう。いずれにしても、もし成功すれば水素は無限に近くあるから、エネルギー問題は解決する。でも、成功するのは五〇年先だと言われていて、それがたしかかどうかまだわかっていない。あてにしないほうが良さそうだ。」

3　放射能と放射線の違いって？

元素の一覧表

——そろそろ放射能のこと話してくれる？

「うん、そのためには元素のことから話さねばならない。元素って知ってる？」

——知ってるよ。酸素とか水素とか窒素のことでしょう？

「そうだ。地球上のすべてのものは原子からできている。アトムだね。化学では原子のことを元素（エレメント）と呼び、物理では原子と呼んだ。分野が違うと違う呼びかたになるんだね。どちらも物質の根源《こんげん》という意味だ。」

——原子と元素なんてややこしいね？

「父さんは物理学の出身だから、原子という呼びかたのほうが身近に感じるけれど、反応なんかを言うときは元素と呼ぶことが多い。言葉の使われかたや元素の発見には歴史があって、すっきり使い分けるというわけにはいかないんだ。」

――だったら、原子と元素は同じものなんだね。

「同じだ。そもそもは、紀元前四四〇年ころ、ギリシャのデモクリトスという人が、物質はいろんなタイプのアトムズが結びついてできていると言ったことが始まりだ。これ以上分割できない粒子という意味のギリシャ語だね。これを原子論という。」

――ずいぶん昔のことね。

「むろん、実際には証明できなくてほとんど忘れ去れていた。しかし、錬金《れんきん》術《じゅつ》のような実験が進んで、物質がいろんな原子からできていることがわかってきた。」

――錬金術ってなに？

デモクリトス
紀元前四六〇年頃～紀元前三七〇年頃。自然はもはやこれ以上分割できないアトムズ（原子）から成り立っていて、その結合や分離によって物の性質が決まっているという原子論を唱えた。また、原子と原子の間の空間は真空であると主張した。

「鉄や鉛《なまり》のような金属はたくさんあって値段が安い。それに薬品を加えたり、熱したり、鍛《きた》えたりすれば、値段の高い金に変えられるという術のことだ。だれだって、それができれば大金持ちになれるというのでたくさんの人が挑戦した。」

——そんなことできるの？

「できないよ。元素はかんたんには変えられないからね。でも、当時はできない理由もわからないから、できると信じて二〇〇〇年近くも挑戦されてきた。ニュートンも錬金術に熱中したらしい。むろん、成功しなかった。」

——ムダなことに精を出したのね。

「ムダと言えばムダだけれど、ムダだとわかったのはずっとあとのことで、それがわかるまでは成功すると考えていた。そして、一面では錬金術はプラスになった。物質の反応を調べる化学実験をおこなっていたことになるからね。それによって、化学反応の法則がわかってきた。」

アイザック・ニュートン
一六四二～一七二七。近代科学の生みの親で、運動の法則を発見して力学体系を打ち立て、万有引力の法則から月や惑星運動を説明した。それらの基本法則を解くための微分・積分法を考案した天才である。

——どんな法則？

「いちばんかんたんな法則は、元素と化合物の区別がついたことだ。元素はそれ以上分けられないもの、化合物はいろんな元素がくっついたり離れたりしてできるものだってこと。それによって、化学反応が整理できるようになった。」

——水だって水素と酸素がくっついたものだね。

「よく知っているね。まず水という化合物が、水素と酸素という元素が結びついたものであることがわかった。そのうちに、水素が二個と酸素が一個で水ができているらしいこともわかってきた。」

——H_2O のこと？

「そうだね。そんな化学の法則から、ドルトンという人が一八〇三年に原子論を復活させた。物質は原子（元素）からできていて、その組み合わせで化合物ができると考えたんだ。そして、つぎつぎと物質を作る元素が発見され

ジョン・ドルトン
一七六六～一八四四。イギリスの化学者で、物質は原子の集合であるとする原子論を復活させ、近代化学の基礎を築いた。

るようになった。」

——元素ってたくさんあるね。

「たくさんの元素を整理しようというわけで、メンデレーエフという人が元素の一覧表を原子の重さ順に並べてみた。すると、化学反応に対する規則的な性質が順ぐりに出てくることがわかった。これを元素の周期表という。」

——元素を四角の表に並べた図のことだね。

「よく知っているね。」

——だって、学校の廊下にはってあるもの。

「今では、元素の種類は一〇〇以上見つかっている。こんなにたくさんの元素があるけれど、元素の周期表が見つかったことで、何かかんたんな法則に支配されていると考えられるようになった。さらに、原子の重さ順に並べるのではなく、原子核が持っている陽子の数で並べたほうがよいこともわかってきた。これを原子番号と言う。」

ドミトリ・メンデレーエフ
一八三四～一九〇七。ロシアの化学者で、一八六九年に元素を重さ順に並べると規則的な法則が繰り返し現れることに着目して周期表を発表した。そこに未知の元素が存在することを予言し、それらは後に発見された。

原子量と原子番号
原子量は原子の重さのことで、原子番号は原子核にふくまれる陽子の数を表す。周期表は、原子量順ではなく原子番号順に並べるほうが、規則性がより明確に現れることがわかった。表示の方法は、例えば炭素Cについて、
原子番号→ $_{6}C^{12}$ ←原子量

——原子の重さと原子核の陽子の数は、どう違うの？

「化学反応の性質は原子番号で決まっているらしい。ところが、原子番号、つまり原子核中の陽子の数が同じなのに、重さが違う原子がたくさん見つかってきた。」

——なぜ、重さが違うの？

「原子は原子核と電子でできていて、そのほとんどの重さは原子核で決まっている。原子核は電気を持つ陽子と電気を持たない中性子からできているね。では、陽子の数は同じなのに重さが違うのはなぜなんだろうね？」

——電気を持たない中性子の数が違うってこと？

「正解だ。そのような原子を同位元素という。陽子の数は同じだから電気の数は同じだけれど、中性子の数が違うために重さが違う元素だ。」

——ややこしいね。

「酸素も炭素も窒素も、みんな同位元素がある。水素は陽子の数がひとつきりの一番かんたんな元素だけど、それに中性子が一個余分にくっついた重水素があり、二個中性子がくっついた三重水素（トリチウム）もある。どれも電気を持つ陽子は一個だけだから、みんな水素の仲間なのだ。」

——どの元素にも同位元素があるの？

「うん、同位元素がない元素はないと思うよ。問題は、安定な同位元素と不安定な同位元素があるってことだ。」

——安定とか不安定とかって、どういう意味？

「中性子を余分にくっつけても、そのままずっと変わらず変化しない同位元素が安定。中性子の数によって、別の元素に変わってしまうような同位元素は不安定というわけだ。」

——元素も変わっていくの？

「そう、不安定な同位元素は、放射線を出してほかの元素に変わっていくんだ。これを放射性同位元素という。」

炭素・窒素・酸素の同位元素

炭素：安定なもの $_{6}C^{12}$、$_{6}C^{13}$
不安定なもの $_{6}C^{11}$、$_{6}C^{14}$

窒素：安定なもの $_{7}N^{14}$、$_{7}N^{15}$
不安定なもの $_{7}N^{13}$

酸素：安定なもの $_{8}O^{16}$、$_{8}O^{17}$、$_{8}O^{18}$
不安定なもの $_{8}O^{15}$

放射能と放射線

――放射線ってなに？

「放射性同位元素が別の元素に変わるときに出す粒子やエネルギーのことだ。」

――どんなものがあるの？

「はじめその正体がなにかわからなかった。でも、いろいろ調べているうちに、放射線には三つのタイプがあるとわかって、アルファ線、ベータ線、ガンマ線と名づけられた。ギリシャ語のα、β、γをとったものだ。」

――それらはなんだったの？

「アルファ線は、ヘリウムの原子核が飛び出してきたものだ。エネルギーはすごく大きいけれど、重い粒子なのでほかの粒子とぶつかりやすく、薄い紙でも止めることができる。その分、エネルギーが集中して放出される。ベー

四つの放射線
アルファ線：ヘリウムの原子核。重い粒子なので体の表面で止まる。
ベータ線：電子。かなり体の中に入りこんでから止まる。
ガンマ線：光の仲間でX線よりエネルギーが高い。体の奥深くまで入る。
中性子線：中性子。あまり遮断されずに通り抜ける。

タ線は電子が飛び出してきているもので、エネルギーは比較的小さいけれど、アルファ線よりも深くにまで到達する。ほかの粒子にぶつかりにくいのだ。」

――少しずつ性質が違うんだね？　じゃ、ガンマ線は？

「ガンマ線は光の仲間だ。X線も同じ光の仲間だけど、それよりもっとエネルギーが高い光だ。体の内部にまでぐんぐん入り込んでくる。X線写真を知っているね？」

――レントゲンでしょう？　体の中まで写される感じがする。

「X線は、目で見える光よりエネルギーが高く、筋肉を素通りするから、体の内部の写真がとれる。そのX線よりもっとエネルギーが高い光がガンマ線だ。それらの三つの放射線のほかに、中性子が飛び出してきたりすることもある。放射線といえば、今ではこの四つと考えていいよ。」

――それらの放射線を出すから放射性同位元素というわけだね。

「そう、放射性物質とも言う。放射能というのは、放射線を出す能力がある

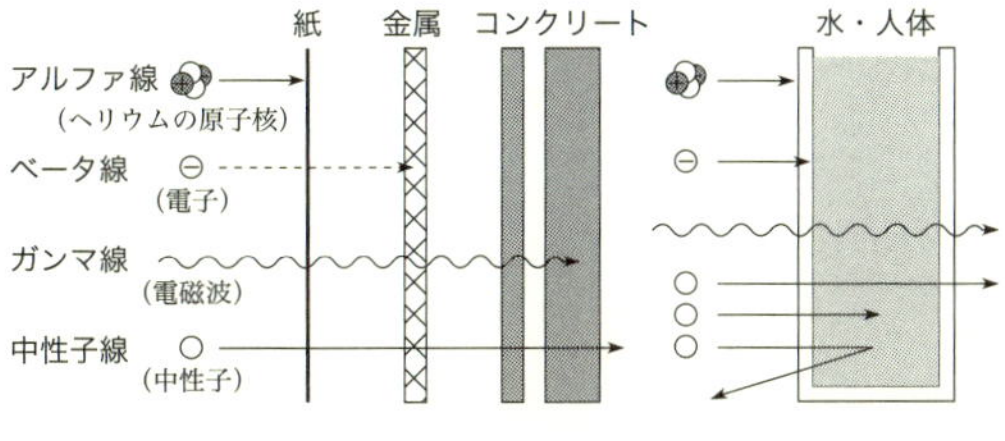

という意味だから、放射能は放射性物質のことだと思ってもまちがいないよ。」

——放射能というと、なにかこわい感じがするね。

「言葉の使いようで、いろんな印象をあたえるのを注意しなければならないね。放射性物質といえば他人ごとのように聞こえるけれど、放射能といえば自分にも降りかかってくるように感じるのだろうね。」

——放射能（放射性物質）はずっと放射線を出し続けるの？

「いや、放射性物質は決まったエネルギーしか持っていないから、無限に放射線を出し続けるわけではない。半減期というものがあって、放射線を出す原子の数が半分になる時間が決まっているんだ。」

——ヨウ素は八日、セシウムは三〇年と言ってるよ。

「半減期ごとに放射線を出す力は半分になっていく。出てくる放射線の量は、一回目の半減期で半分、二回目でその半分の四分の一、三回目でまたその半分で八分の一というふうに、減っていくんだ。」

――じゃ、時間がたてば放射線はどんどん減っていくんだ。

「しかし、半減期がすごく長い放射性同位元素もある。プルトニウムという元素になると二万四〇〇〇年もかかる。」

――そういえば、レムとかシーベルトとかキュリーとかベクレルなど、いろんな呼びかたがされたね。さっぱりわからなかったよ。

「これも歴史的にいろいろ変わってきたからね。おそらく、最初はキュリーという単位で、一グラムのラジウムが放出できる放射線の数を表している。だから放射能の強さの目安だ。むろんマリー・キュリー（キュリー夫人）にちなんでつけられた単位だ。」

――キュリー夫人って、ノーベル賞を二つももらった女性の科学者だね。

「よく知っているね。ところが、この単位はあまりに放射能が強すぎるので、その三七〇億分の一を一ベクレルと呼ぶようになった。ベクレルさんもウラ

ラジウム（Ra）
一八九八年にキュリー夫妻が発見した元素で、すべてが不安定同位元素である。親元素はウランで、途中にラジウムになってからラドンに変わる。

マリー・キュリー
一八六七～一九三四。ポーランド出身のフランスの物理学者。夫のピエールとともにラジウムやポロニウムを発見し一九〇三年にノーベル物理学賞、ラジウムの分離と詳細な実験により一九一一年に単独でノーベル化学賞を受賞した。

ンが放射線を出していることを発見してノーベル賞をもらった人だよ。」

――今度の事故で、ホウレンソウから何ベクレルと言ってたね。

「だから、ホウレンソウがどれくらい放射性物質に汚染されているかを示していることになるね。」

――じゃ、レムとかラドは何なの？

「そんな単位も使われていたね。ややこしいことだ。出てくる放射線の種類によって、実際に生物が受ける効果は違ってくる。アルファ線はあまり体の中には入ってこないけれど体の表面に大きな害をあたえるし、ガンマ線は体の内部に入ってきて影響をあたえる。それらを考えて、どれくらい生物が放射線を吸収するかを考え合わせて計算した放射線の量だ。」

――どんなふうに決まっているの？

「体重一キログラムあたり、放射線から一〇〇分の一ジュールというエネルギーを吸収する場合を一ラドという。それをX線の強さに直したのがレム。

アンリ・ベクレル
一八五二〜一九〇八。フランスの物理学者で、ウランから放射線が出ていることを発見して一九〇三年にキュリー夫妻とともにノーベル物理学賞を受賞。その名前が、物から放出される放射能の数を表す単位となっている。

ウラン（U）
ウラニウムともいう。原子番号は92で、天然には半減期が約四五億年の原子量238の同位元素が九九・三％を占め、中性子を吸収すると核分裂を起こす原子量235の同位元素は半減期が七億年と短く、〇・七％しか存在しない。原爆用にはウラン235を九五％以上に濃縮し、原発用には四％ていどに濃縮されたものを使う。

そして、一レムが一〇〇分の一シーベルトになる。一シーベルトの一〇〇〇分の一が一ミリシーベルト、一〇〇万分の一が一マイクロシーベルトだ。」

――なんだかたくさんあるけれど、けっきょく、どれを一番気にしたらいいの？

「シーベルトだろうね。人間のスケールに合わせて放射線を吸収する量を表しているからだ。大体一〇シーベルトを一度に全身に浴びると、即座に死んでしまう。その一〇〇分の一の〇・一シーベルト、つまり一〇〇ミリシーベルトでも吐き気やめまいで体調が悪くなる。でも、シーベルトにも用心しなければならないことがある。」

――どんなこと？

「放射線はレントゲン写真のように一瞬だけ浴びることもあるし、放射能がすぐそばにあってずっと放射線を浴び続けることもある。その差をきちんと言わなければならないんだ。」

——今度のことでは、レントゲン写真の九〇分の一でしかないから、だいじょうぶと言ってたよ。

「その言いかたには十分注意する必要があるね。胸のレントゲン写真では五ミリレムの放射線を受ける。シーベルトに直すといくらになる?」

——一レムが一〇〇分の一シーベルトだから、一ミリレムは一〇〇分の一ミリシーベルト(〇・〇一ミリシーベルト)。五ミリレムだと、〇・〇五ミリシーベルトになるね。

「そうだね。その九〇分の一だから、約〇・〇〇〇五ミリシーベルト(〇・五マイクロシーベルト)ということになる。」

——なんだか、とても少ない気がする。

「少ない気がするだろう? 瞬間的にそれだけの放射線を浴びたということだ。」

——ずっと浴び続けることもあるね。

「私たちは、いろんな形で自然からの放射線を受けている。地球の土に放射能がふくまれていて放射線を出し続けているし、宇宙からも放射線がやってきている。それらを自然放射線というのだけれど、合計すると、一時間あたりで〇・〇〇〇二ミリシーベルト（〇・二マイクロシーベルル）くらいだ。」

——それと比べると、胸のレントゲン写真は二五〇倍強いことになる。

「よく計算できたね。つまり、レントゲン写真でそれだけ強い放射線を浴びたことになる。」

——自然放射線はどうしようもなく浴びせられるの？

「自然にある物質から出されるものだから防ぎようがない。現在の考えかたでは、なるべく自然放射線以外の人工放射線を浴びないのが安全だとされている。」

——自然放射線って、どれくらいの強さなの？

「じゃ、また計算しよう。自然放射線は一時間で〇・〇〇〇二ミリシーベルトだったね。一年だといくらになる？」

——えーと、一日は二四時間で、一年は三六五日だから、〇・〇〇〇二かける二四かける三六五だよ。約一・八ミリシーベルト。

「よくできたね。およそ年間で二ミリシーベルトの自然放射線を浴びている。それを考えて、人は年間でその半分の一ミリシーベルト以上人工放射線を浴びるべきではないという、被ばく限度量が決められているというわけだ。」

——ふうーん。きびしい限度ね。

「シーベルトという単位を使うときに用心しなければならないことは、それが一時間あたりなのか、一日あたりなのか、一年あたりなのか、きちんと言わなければならないということだ。レントゲン写真の九〇分の一はそんなに大きくないけれど、ずっと浴び続けていると足し上がっていくから、放射線被ばくの量が増える。」

——今度の事故で、子どもが受ける被ばく限度量を、大人と同じ二〇ミリ

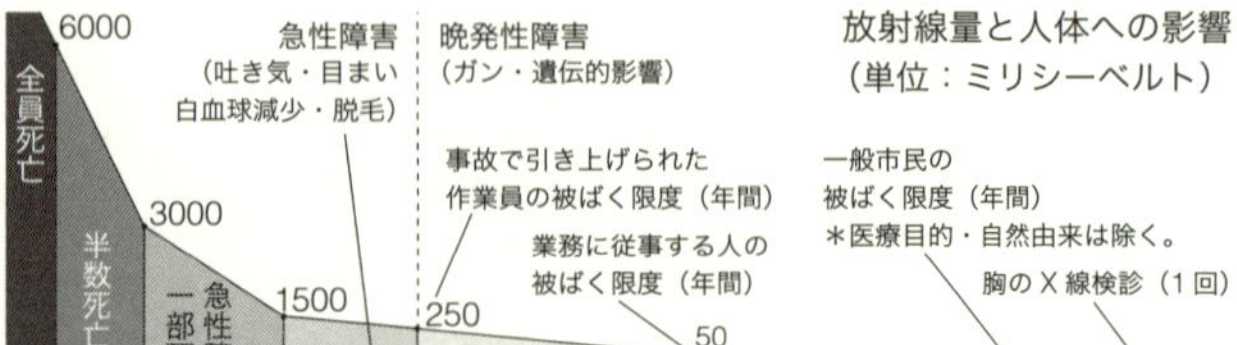

シーベルトに緩《ゆる》めたって？

「よく知っているね。これは年間の被ばく量だけれど、通常の被ばく限度量の二〇倍、自然放射線の一〇倍も強い。緊急の場合はしかたがない、っていうわけだ。しかし、これは問題だね。」

――どうして？

「まず、大人と子どもの区別をつけていないことだ。成長段階の子どもは細《さい》胞《ぼう》分裂がさかんで、放射線の影響を受けやすい。その意味では胎児《たいじ》がもっとも敏感ということになる。実際、大人の四倍から一〇倍も危険度が高いことが示されている。白血病《はっけつびょう》などの病気に罹《かか》る率が高いんだ。だから、子どもの被ばく限度量を大人と同じにするのは、子どもの将来に大きな問題を残す可能性がある。」

――そう、大変な問題なのね。

「一〇年先に子どもが白血病になっても、すぐにこれが原因だと証明しにくくなってしまう。けっきょく、うやむやにされてしまうだろう。被ばく限度量を緩めるのではなく、子どもを遠くに疎開《そかい》させるべきなのだよ。」

——大人だって大変だね。

「四〇歳以上の大人は細胞分裂もさかんではないから、大量に被ばくしないかぎり、過度にこわがることはない。といって、用心するにこしたことはないけれど。」

原発に伴う放射線被ばく

——原発事故の現場では社員や作業員の被ばくが問題になっているね。

「ウランは放射性同位元素で、強い放射線をずっと出し続ける。そして別の元素になっても放射線を出す。だから、ウラン鉱山で採掘《さいくつ》する段階から、労働者の放射線被ばく問題が生じている。」

——石炭からも放射線が出るって言ってたよ。

「地下深くには放射能を持つ元素が多くあり、むろん石炭にも混じっている。しかし、ウラン鉱石はその比ではなく、それ自身の放射線が強いのだ。そのウランを精製《せいせい》する段階や原発の燃料に加工する段階では、強い放射線を浴びる。これらのことはよく知られていないけれど、多くの被ばく者が出ている可能性がある。」

——原発事故のときだけではないんだ。

「現在、日本の原発では一年三ヵ月発電すると定期検査をおこなっている。原発のさまざまな機器を点検して故障していないかどうか調べるのと同時に、三分の一くらいの燃料棒を入れ換えるのだ。そのときの作業員の被ばくも膨《ぼう》大《だい》になる。」

——どうして?

「ウランが核分裂反応を起こすと、さまざまな放射性同位元素ができる。それが放射線を出して、つぎつぎに別の元素に変わり、また放射線を出す。それが最初に言った崩壊熱のことなんだ。原子炉内部の反応が止まっても、大量の放射性物質があって熱を出し続けるんだ。それらが原子炉内部にたまっているから、原子炉内部では放射能がうようよしている。」

——死の灰のこと？

「そうだ。燃料を燃やして灰が出るのと同じで、核分裂反応で出てくる灰なんだけれど、おそろしく危険だから死の灰とも言われるようになった。」

——そんな危険な作業には、ロボットを使っているのではないの？

「むろん、一部はロボットを使っているけれど、こまかな作業や修理や設計変更などでは人間の手にたよらねばならない。放射能が舞い上がっているような原子炉内部に入って作業しなければならないんだ。」

——そういえば、放射能をふくんだ水を雑巾やモップでふき取っているって聞いたことがある。

「近代技術の粋《すい》を集めたはずの原発なのに、実際にはそんな原始的な作業をおこなっているんだ。」

――そんな場所で働く人は放射線をたくさん浴びるので大変な仕事ね。

「そこに雇われている作業員は、電力会社の社員ではなく、下請《したう》けや孫請《まごう》けの小さな会社に臨時作業員として雇われている。〝原発ジプシー〟と言われた。」

――原発ジプシーって？

「ジプシーは、おもにヨーロッパで移動生活をしている人びとのことで、曲芸や占い、手工芸品の制作・販売、音楽演奏などで生活している。放浪生活しているので差別されることも多かった。そのため、今はジプシーという言葉は差別語とされ、ロマと呼ぶようになった。原発の作業員は、そのような人びとと似た境遇にあるとして〝原発ジプシー〟と言ったんだ。」

――似た境遇にあるって？

「作業員は原発の定期点検があるたびに、全国あちこちをわたり歩いている

原発ジプシー
堀江邦夫『原発ジプシー――被曝下請け労働者の記録』増補改訂版、現代書館、二〇一一年を参照。

からだ。そして、原発で働いていることを人に言えず、差別されることも多かった。まさにジプシーのようにあつかわれたんだ。」

――放射線をたくさん浴びたのでしょう?

「かつて「計画被ばく」という言葉があった。」

――計画被ばくって?

「原子炉の中にまで入っておこなう作業では、放射線を限度以上に浴びる可能性がある。それがあらかじめ認められていて、本人も覚悟し、また会社側もそれを知っていて、多くの放射線を浴びる作業がおこなわれた。作業計画の中で大量に被ばくすることが公式に許され、そのうえ労働者の被ばく量を計算には入れなかったんだ。」

――なにか、すごく残酷《ざんこく》なことをしていたんだね。

「計画被ばくは禁止されたらしいけれど、それに似たことがなされている。今回の緊急作業で、作業員の総被ばく量が五〇ミリシーベルトから二五〇ミリシーベルトに引き上げられたことだ。このように、まだまだ多くの作業員が被ばくしている。そして、それは報道されずにかくされたままだ。」

——そんなことが今でもあるの？

「いちおう被ばく限度量が決められているけれど、正しく守られているかどうか疑わしい。また、原発の作業員が放射線障害で裁判に訴えても、なかなか勝てない。原発が原因だとかんたんに証明できないからね。けっきょく、泣き寝入りするしかない。そんな多数の犠牲者の上に原発が成り立っているとも言えるね。この点からも原発はけっしてクリーンではないんだ。」

——そんなこと、ぜんぜん考えたことがなかった。

「むろん、父さんもこう言っているだけで、本当にわかっているかどうかあやしいものだ。でも、見えないところにまで想像力を発揮《はっき》して考えてみる、それって大事なことだと思うよ。」

半永久的管理

――でも、放射性物質を安全なものに変えて、放射線を出さないようにできないの？　それくらいのことできそうに思うけれど。

「うん、ある決まった放射性元素だけを取り出して、それに粒子をぶっつけて安定な元素に変えるという方法は研究されているけれど、ほとんど見込みはないと父さんは思っている。つごうよく安定な元素に変わってくれるといいけれど、また不安定な放射性元素にしてしまう可能性があるからだ。それを避けるためには、特定の不安定な元素だけを集めて、決まったエネルギーの粒子をぶつけるしかない。そのためには膨大な作業と費用が必要になり、実現できてもほんの少ししか処分できないだろう。なにしろ、ひとつの原発であっても、数年で一〇〇トンもの放射性廃棄物が出てくるからね。」

――できないのか。そうすると、原発の廃棄物は自然に減っていくのを待つしかないの？

原発の放射性廃棄物
発電量が一〇〇万キロワット級の原発の場合、ほぼ一〇〇トンの燃料が装荷されており、一年三ヵ月ごとの定期検査で三分の一を取り換えているので、三年九ヵ月で一〇〇トン分の放射性廃棄物が出ることになる。

「そうだ。そのあいだずっと熱が出るから冷やし続けねばならないし、長いものだと一万年以上も管理しなければならない。原発は〝トイレなきマンション〟なんだ。」

――トイレなきマンションって？

「放射性廃棄物をどう処理するか決めないまま、建設を進めていったからさ。まさに、人間の廃棄物を処理するトイレを作っていないマンションと同じだからね。」

――うまいこと言うね。では、今はどうしているの？

「まず、放射能が強い使用済みの燃料棒は原発の敷地内に作られたプールに水を入れて冷やしている。ずっと熱を出し続けるから、冷やし続けねばならないんだ。」

――そういえば、福島原発でも使用済み燃料棒を入れたプールに水が行かなくなって、爆発したね。

「燃料棒はジルコニウムという金属で巻かれている。すごい高温に耐える金属だから原子炉内部でも溶け出さない。けれど、温度が上がると酸素を吸収する性質があり、水蒸気の多い空気にさらされると、水蒸気から酸素をうばって水素を放出する。その水素がたまって爆発したんだ。」

――ふうーん。でも、ふつうはそんなこと起こらないんでしょう？

「使用済みの核燃料がプールの水にちゃんと漬かり、水が循環して冷やし続けていたらだいじょうぶだ。燃料棒からあまり熱が出なくなると、ドラム缶に入れて原発の敷地内の倉庫に保管する。といっても、やはり熱を持っているから、ずっと風を通していなければならない。」

――大変ね。それに、だんだんたまってくるんじゃない？

「そうだ。原発の敷地内もそろそろ満杯になっている。そこで、青森県に再処理工場が作られた。」

――再処理工場って、どうするの？

ジルコニウム（Zr）
原子番号が40の金属元素で、二七〇〇度もの高温に耐えられる。水蒸気と反応すると酸素を採り入れ、水素を発生させるという性質がある。

「使用済み燃料棒から、燃え残りのウランや、そこでできたプルトニウムを取り出したりするんだ。」

——プルトニウムってさっき出てきたね。

「そう、半減期が二万四〇〇〇年の元素で、核分裂しないタイプのウランが中性子を吸収するとプルトニウムになる。プルトニウムは中性子を吸収すると核分裂してエネルギーを出すんだ。ウランより少ない量で連鎖反応を起こして原爆にできる。」

——おそろしい元素ね。原爆に使ったの？

「アメリカが最初に三個の原爆を作ったのだけれど、そのうちの二個はプルトニウム製だった。一個は実験のためにアメリカの砂漠で爆発させ、もう一個は長崎に落とされた。」

——じゃ、広島に落とされたのは？

「ウランを使ったものだった。プルトニウムのほうが核兵器に使いやすいこ

プルトニウム（Pu）
原子番号94で、ウラン238が中性子を吸収してウラン239になり、その後二個の電子を放出してプルトニウム239になる。プルトニウム239は中性子を吸収すると核分裂を起こし、その臨界量（連鎖反応が継続する最低の重さ）は八キログラムとされており、原爆の材料となってる。

とがわかって、原子炉でウランを燃やし、その燃えカスを再処理してプルトニウムを取り出すようになったんだ。アメリカにはプルトニウムを作る専用の原子炉がいくつもあり、再処理して兵器にしている。」

——えっ、それなら日本の再処理工場でもプルトニウムがたくさんできるんだ。

「もっとも日本の再処理工場は事故続きのため、まだ本格的に動いていない。それで、イギリスやフランスに再処理をたのんできた。」

——ほかの国もトイレなきマンションなんでしょう?

「それは同じことだ。結局、原発の廃棄物をどこで管理するかは、どこの国でもちゃんと決まっていない。ただフィンランドだけが永久処分場を決定した。なにしろ、地面の下に貯蔵しても、一万年以上地層が動かないことが保証されねばならず、そんなつごうがよい場所はかんたんには見つからないからね。」

——どうするつもりなんだろう。

「なんだか他人ごとみたいだけれど、私たちが安楽な生活をするために原発で電気を起こし、その廃棄物は子孫にお任せしてることになるから、私たち自身が子孫に迷惑をかけているんだ。」

——自分の生活も考えなおさなければならないんだね。

「そういうこと。これだけ原発が広がってしまったから、もう手遅れみたいなものだけれど、そう言わずに原発をいかに止めるかを考えねばならないのだね。」

——真剣に考えるよ。それとは別に、ちょっと気になっていること教えてくれる？

「どんなこと？」

——劣化《れっか》ウランのこと。イラク戦争で使われたっていうけれど、ウランというのだからなにか原発と関係があるんじゃない。

イラク戦争
イラクが大量破壊兵器（核兵器のこと）を持っていることを口実にして、二〇〇一年にアメリカ軍がイラクに軍事介入した戦争のこと。フセイン大統領が捕らえられて処刑されたが、イラクは大量破壊兵器を持っていなかった。

「劣化ウランとは、核兵器用や原発用にウランを精製したときに残ったウランのことだ。劣化ウランというけれど、決して劣化しているわけではない。放射能を持っていて、強い放射線を出す。それを今までは捨てていたのだけれど、武器に使えないかと考えた人間がいた。ウランはかたい金属だから、戦車をつらぬくくらいの強い弾丸になる。それで、通常の弾丸に混ぜて使うようになったんだ。」

——放射線でたくさんの人が苦しんでいるって。

「ウランはすべて不安定な同位元素で、放射線を出し続ける。戦争の道具に人道的なものもないけれど、劣化ウラン弾は悪魔の兵器と言えるね。かんたんに人を殺すだけでなく、殺さなかった人も放射線で痛めつけるからだ。」

——悪魔の兵器なのね。

「戦争になると、人間はいくらでも残酷な兵器を考え出す。一個の爆弾から、つぎつぎ小さな爆弾が飛び出してくるクラスター爆弾もそうだ。なんだか悲しくなるね。」

——どうすればいいのかしら？

「戦争をしないこと。そのためには軍隊を持たないこと。いっさいの軍備を廃棄すること。それしかないね。」

——そんなことできるかしら。

「おいおい、それができるのは君たちみたいな若い世代なんだよ。父さんの世代はそれができなかった。情けないことだ。せめて罪ほろぼしに、父さんは軍隊のない世界を求めてがんばりたいと思うよ。」

4　今回の事故の影響は?

放射線障害

――原発の事故で放射能がまき散らされたね。

「そうだね。原発から放出された放射能が、風に乗って飛ばされたり、雨で地上に降り注いだり、汚染水が海に流されたりして、あちこちで強い放射線が検出された。いったんばらまかれた放射能は、野菜の葉っぱや果物の実にたまったり、牛や豚のエサを通じて体内に入ったり、海では魚が飲み込んだりして、たくさんのものが放射線を出すようになった。」

――福島原発の近くでは避難させられたけれど、もっと遠くであっても放射線が強かったのね。

「風向きしだいで、遠くにまで放射能が飛び散ったのだ。とくに放射線が強い場所をホットスポットと呼んでいる。飯舘《いいだて》村というところは福島原発から三〇キロ以上も離れているのに強い放射線が検出されている。風によって放射能がたまって降ったんだ。」

——飯舘村は自前の村おこしで有名だったそうだよ。

「そんな地道な努力をしてきた村が放射能汚染でひっこさねばならない、そして何年も帰ることができない可能性もある。理不尽《りふじん》なことだね。」

——何年も帰れないの？

「放射能が土や木や地下水を汚染していると、かんたんには取りのぞけない。人間が近づくことも危険だから、立ち入り禁止になってしまうんだ。」

——東京でも水道水から放射線が見つかったんだって？

「大きな量ではなかったけれど、放射能が東京にまで降り注いだことをものがたっている。東京など関東地方にもホットスポットがあって、放射線が強い場所がところどころにあるんだ。」

高い放射能が検出された地域

北西方向に長い汚染地域のラインができた。三月一二日から四月二四日までのヨウ素の積算線量が一〇〇ミリシーベルト以上となる地域を示す。(SPEEDIによる試算値。文部科学省が発表したデータに基づく。)

――静岡でお茶の葉から放射能が検出されたって言ってたね。

「父さんがいる神奈川県三浦半島でもお茶が汚染されていたけれど、そこを通り越して静岡まで放射能が飛んだわけだ。」

――関西はだいじょうぶだったけれど……。

「風向きや雲の状態では、関西へも放射能がきたかもしれないよ。」

――えー、そんな。

「チェルノブイリのときは、六〇〇キロメートルまで放射能が到達したらしいから。」

――でも、やってきたのは放射能ではなくて放射線なのでしょう？

「測れるのは放射線だから、検出しているのは放射線の量ということになるけれど、放射線を出すのは放射能、つまり放射性物質だ。空中に放射線が舞っていることもあるけれど、遠くまで放射線が検出できるということは、放射性物質が散らばっていると考えるほうが正しいよ。」

――ということは、放射能が広く散らばったの？

「そういうふうに考えるべきだね。そこで外部被ばくと内部被ばくの区別をしっかりする必要がある。」

――外部被ばくと内部被ばくには、どういう違いがあるの？

「外部被ばくは、体の外からやってくる放射線を浴びること。私たちは自然放射線をいつも浴び続けている。レントゲン写真も外から放射線を当てるから外部被ばくだ。飛び散った放射能からの放射線を体に浴びたのも外部被ばく。」

――じゃ、内部被ばくは？

「放射能を吸い込んだようなときや放射能がふくまれている食べ物を食べたとき、放射線を出す物質が体内に入る。すると、体の内部はいつも放射線を浴びていることになる。ずーっと被ばくしているのと同じだ。」

――体の中に入った放射能を調べることができるの？

「ホォールボディカウンターという、全身がすっぽり入る測定器で体に取り込まれた放射能からの放射線を検出することができる。しかし、機械の値段が高いし、時間もかかるから、あちこちにあるというわけではない。」

——では調べるのが大変ね？

「そういうこともあって、今まで、あんまり内部被ばくのことが重視《じゅうし》されなかったんだ。」

——どうして？

「外部被ばくの場合は、どれくらい放射線が飛びかっていて、どれくらい体に当たったか比較的計算しやすい。ところが、内部被ばくはそれぞれの人がどこにいて、どれくらい吸い込んだかがわからないからだ。」

——体にはずーっと悪さをするんだ。

「広島や長崎で原爆にあった人たちは、すべて外部被ばくだけで原爆症が認定された。爆心地の半径三キロ以内の人だけっていうふうに。そこから離れていた人やあとで爆心地に入った人は原爆症と認められなかったんだ。」

――内部被ばくしていた可能性があるの？

「原爆でたくさんの放射能がまき散らされたから、あちこちで放射能を吸い込んだ人が多かっただろうね。今度の事故のように放射能がとくにたまったホットスポットもあっただろう。原爆のあとに爆心地近くに行った人もいる。そこにはたくさんの放射能が残っていて吸い込んだ可能性が高い。そう考えると、内部被ばくを受けた人はたくさんいたと思われるんだ。」

――原爆と原発事故で出された放射線の量はどれくらいの差になっているの？

「なにを比べるかによって答えが変わってくるから比較はむつかしいけれど、ある人が核反応で放出された熱の量で放射線量を推定したことがある。広島原爆で出された熱の量に対し、福島原発では1号基から4号基までで一日あたりその一八倍の熱エネルギーが発生したと見積もられている。」

——一八倍も？

「原爆ではウランが核分裂して瞬間的に大量の熱エネルギーが発生したのに対し、原発では作られたさまざまな放射性同位元素がつぎつぎ崩壊熱を出し続けるから、発生した熱エネルギーは全体では何倍にもなり、それに比例して放射線量も高くなるのだ。だから、これが三年続くとすれば、なんと原爆一九七一〇個分にもなるんだ。」

——えっ、えっ、どういう計算で一九七一〇個が出てくるの？

「四基で一日あたり一八倍だろう？　それを三年分にするとどうなるかな？」

——一八倍かける三六五日かける三年だから、一九七一〇個か。すごい量ね。

「もっともそれは発生した量で、原発から周囲に放出された量ではない。保安院によればだいたい〇・一五％くらい放出されているようだから、原爆の数にして約三〇個分だ。」

――それでも三〇個分か。でも、これは三年分でしょう？

「君にしてはするどいね。今半年を過ぎたところだから、六分の一の五個分になりそうだけれど、やはり初期の段階で多く出されるから、これまで放出された放射線量は一〇個分以上と考えればいいね。直接放出されている放射線量からも計算されていて、チェルノブイリの一〇分の一くらい、原爆二〇個分だと言われている。だいたい計算が合うよ。」

――結局、原爆二〇個分の放射能がばらまかれたことになるの？

「だいたい、そうだろうね。」

――そんなに放射能がばらまかれたのだから、内部被ばくも多いんじゃない？

「それと気づかないまま、放射能を吸い込んでしまっただろうからね。原爆の場合、放射能が多くふくまれた黒い雨に打たれて原爆症になった人がいるんだ。」

――黒い雨って？

「原爆が爆発して爆風波が地面にぶつかり、土砂を巻き上げた。それが混じった雲から雨が降ったので、黒く汚れた雨が降ったのだ。原爆が爆発した場所から離れたところで黒い雨に打たれた人がいる。それらの人たちは内部被ばくをして原爆症になった可能性が高いんだ。」

――そんな人びとは原爆症として認められていないの？

「外部被ばくだけを基準にして内部被ばくは考慮《こうりょ》されなかった。おかしいだろう？　そこまでわからなかったというのが言いわけだけれど、原爆症をもっと広い範囲でとらえるべきだと思うね。」

――内部被ばくはずっと続くの？

「内部被ばくの場合は、放射能の寿命《じゅみょう》で放射線を出さなくなるか、放射能が体から出て行くまでずっと放射線を出し続ける。それも、ヨウ素は甲状《こうじょう》腺《せん》にたまるし、ストロンチウムなどは骨髄《こつずい》に集まるからなかなか体から排出

内部被ばくが及ぼす人体への影響

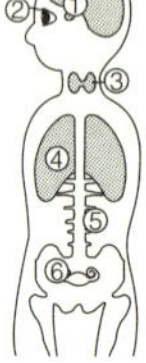

①脳下垂体　イットリウム90（半減期六二時間）がたまる。胎児の呼吸器障害の原因となる。
②水晶体　水晶体は細胞分裂をしないので、放射線障害は蓄積されて白内障の原因となる。
③甲状腺　ヨウ素131（半減期八日）がたまり甲状腺ガンなどの原因となる。
④肺　プルトニウム239（半減期二万四千年）などの微粒子が付着し、肺ガンの原因となる。
⑤骨髄　ストロンチウム90（半減期二八年）などがたまり、白血病の原因

されない。それが原因で病気になる人も多いんだ。」

——テレビでは、「当面の健康には影響しない」と言ってたね。

「放射線は、化学毒とは違って、すぐに影響は出ないという意味だ。」

——化学毒って？

「青酸《せいさん》カリとかトリカブトのような推理小説で使われる毒物のことで、すぐに体を麻痺《まひ》させ命をうばうのが化学毒。人間は化学反応で生きているから、その反応が止まれば命にかかわる。化学毒は細胞の化学反応に働きかけるのだ。放射線はそれとは違う。」

——どう違うの？

「放射線の場合は、化学反応には関与せず、ＤＮＡや染色体《せんしょくたい》などの遺伝《いでん》をつかさどる物質に傷をつけるんだ。」

——ＤＮＡや染色体っていうのはなに？

「生物の遺伝情報を担っているのがＤＮＡで、それがつらなったものが染色

となる。
⑥生殖腺　セシウム137（半減期三〇年）などがたまる。不妊、ホルモン障害、遺伝子突然変異などの原因となる。

体だ。放射線はそれらに作用し遺伝情報を変えたり、働かなくさせたりする。それが原因となっていろんな病気が発症することになるんだ。ガンになる確率が非常に高い。とくに子どもの場合、成長期だから細胞分裂がさかんに起こっている。そこに放射線が当たると傷つける割合も高いのだ。」

——毒物のようにはすぐに悪い影響をあたえないけれど、体の内部からゆっくり遺伝子を変えていくんだね。

「そういうこと。受けた放射線の量とガンになる確率は、比例関係にあることがわかっている。だから、どんなに弱くても放射線はＤＮＡなど遺伝子に悪影響を及ぼすと考えるのがふつうなんだ。」

——遺伝子がダメになるのなら、私の子どもにも影響をあたえるの？

「男性は精子《せいし》、女性は卵子《らんし》を持っていて、それらが合体して子どもたちが生まれる。これを生殖《せいしょく》細胞というのだけれど、もし生殖細胞が放射線でやられていると子どもにも悪影響をあたえる。しかし、体《たい》細胞といわれる体や臓《ぞう》器《き》を作っている細胞は、放射線の影響を受けても子どもに伝わることはない。親が手にヤケドをしても、生まれた子どもには関係がないとの同じことだ。だから、そう大きく心配することはないと思うよ。」

――でも心配だなー。

「めったにないことほど心配になるけど、それをいつも気にしていては生きていけない。なにもないと信じて気にせず、これまで通り元気で過ごすことが大事なんだ。」

――それなら、レントゲンで放射線を浴びるのも悪いのではないの？

「一般には悪いだろうね。しかし、レントゲン検査を受けて、胃ガンや肺ガンが発見されることもある。それによって病気が見つかるのでメリットもあるね。そのかねあいでレントゲン検査を受けるかどうか決めるのがいいのだ。」

――そんなこと知らなかったよ。学校の身体検査では当たり前にレントゲンを受けているもの。

「子どものうちに病気を見つけようとしてレントゲン検査がやられているのだろう。しかし、レントゲンでX線検査を受けるのはもっと慎重にならねばならないと思うよ。かつて、X線検査で放射線を浴びるのを〝ガマン量〟だと言った人がいる。」

——ガマン量って？

「X線検査をすることのメリットと、放射線を浴びるデメリットを秤《はかり》にかけて、メリットを買うためのガマンする量だというわけだ。」

——ガマン量というより、〝差し引き量〟と言えばよかったのに。

「うまい言いかただね。病気が発見できるプラスの量と放射線を浴びるマイナスの量の差し引きという意味があるからね。」

——それでも、ラジウム温泉やラドン温泉など、おばあちゃんは放射能温泉は体にいいと言ってるよ。

「じつを言うと、そんなに弱い放射線の場合は、体にいいか悪いかは完全に証明されていない。ラジウム温泉やラドン温泉は、ごく弱い放射線で体に対する効果はわからないんだ。しかし、用心するにこしたことはない。」

――じゃ、温泉もやめたほうがいいの？

「まあ、おばあちゃんくらいの年齢になると、遺伝子のことなんかあまり気にする必要がない。自分の体は自分で責任を持つだけだから。」

――私たちみたいに若い人間は？

「そう神経質になることはないよ。温泉でずっと放射線を浴び続けるわけではないからだ。大事なのは、強い放射線を使うX線CTとか、レントゲンなどをむやみに使わないことだ。」

――天然の温泉と機械による放射線の違いがあるの？

「放射線としては同じだ。けれど、天然の放射線は寿命が長いから比較的エネルギーが小さいのに対し、人工の放射線は寿命が短くエネルギーが大きい

X線CT
コンピュータを利用して、胸や全身を皮膚表面から深さごとにX線写真を撮っていく方法で、断層写真とも呼ぶ。

傾向がある。エネルギーが大きいほうが、ＤＮＡや染色体に悪さをする確率は高いからね。」

――ほかに、いろいろ言われている問題はあるの？

「当面の健康に影響はない、ということは、長い未来についてはわからない、と言っているとも考えられるね。」

――ずっと先に影響が出てくるってこと？

「そう、人にもよる。すぐに白血病になったり、骨髄腫《こつずいしゅ》になる人もいるけれど、一〇年先、二〇年先に、他の病気とあわさってガンになる人も多くなるだろうね。」

――そうなると、すぐに放射線障害だとわからないかもね？

「それが大問題なんだ。ヨウ素は甲状腺に集まり甲状腺のガンを引き起こし、ストロンチウムは骨髄に集まって白血病をひきおこしやすいから、割合かんたんにその原因とガンの発病の関係がつきやすい。けれど、セシウムは全身の筋肉に散らばり、最後に膀胱に集まるので、ガンとの直接の関係がつきにくい。放射性セシウムは体に悪さをしないって言う専門家もいるくらいだ。」

——でも、セシウムがたくさん検出されているんでしょう?

「そうだ。セシウムの出す放射線が検出しやすいこともある。セシウムは内部被ばくで体のあちこちに散らばるから、直接体に悪影響をあたえることは証明しづらいけど、きっとなにか悪さをしていると父さんは思っている。」

——どんなこと?

「人は年をとるといろんな病気が出てくる。タバコや化学物質や肥満病で病気になることも多い。そこで、放射線が原因となって別の病気を発症したり、反対に別の病気が放射線のために重くなってしまうこともあるだろう。そんなとき、放射線のためだとは証明できない。」

——だから、うやむやになってしまうの?

「そういうことだ。広島・長崎の原爆症認定のときもそうだけれど、放射線が原因だとは証明できないから、政府も電力会社も責任は持たないというわけだ。父さんは、放射線汚染をもっと広くとらえ、放射線障害として認定するべきだと思っている。」

——でも、原発の事故ではまだだれも死者は出ていない。交通事故では毎日一〇〇人以上の死者が出ている。それと比べたら大したことがないって言ってる人もいるよ。

「なんでも交通事故が引き合いに出される。そこには大きな盲点《もうてん》があるんだ。」

——どこに？

「交通事故の場合は、人それぞれがメリットとデメリットをはかって選択している。交通事故は覚悟のうちなんだ。ところが、放射能は一方的に理不尽な災害が押しつけられる、そこが大きな違いなんだ。」

——でも、車に乗るとき交通事故のことを覚悟なんかしていないよ。

「それは当たり前だ。めったに起こらないからね。しかし、クルマに乗ったり運転したりするということでは、人は車に乗るメリットと事故にあうデメリットについて、その可能性を少しは頭に描いている。安全のために気をつかっているし、仕方がないとあきらめる場合もある。道路標識なども整備されていて、おたがいに安全に気をつけている。しかし、原発事故の場合は、安全を保証されていたのに、事故が起こるとただ一方的に被害を押しつけられるばかりになる。それも、すぐに影響が出なくて、一〇年以上先にしか被害がわからない。それは安心できることなのかね。」

——安全と安心と言っているけれど。

「安全と安心は違う。安全はいろんなてだてをして危険を少なくすることで得られる。ところが、安心とはそんなことにかかわりなく、何事も心安らかにすごせることだ。危険なものから自由であるという気分が続いていなければ、安心は得られない。」

――交通安全というけれど、交通安心とは言わないね？

「そう。形としてできるのは安全、そんなことは起こらないと思える気持ちが安心。どんなに危険度が小さくても、自分が被害者になる可能性があると安心できないんだ。放射能を放出しない状況ができるまでは、人びとは安心できないってことだ。」

――交通事故はよく起こっているけど、自分に起こるとは思っていないし。

「人間って、ふつうによく起こることは慣れてしまう。こんなに起こっているのに自分には関係ない、だからこわいと思わないってわけだ。それに比べて、めったに起こらないことだと、いくら確率が小さくても自分に降りかかるのではないかと、大きな不安感を抱くものなのだ。狂牛病《きょうぎゅうびょう》のときもそうだった。」

――狂牛病？

「牛の脳がスポンジのようにバサバサになって、狂ったような行動をする。

それを狂牛病といったのだけれど、別に牛が狂ったわけではない。脳の機能がちゃんと働かなくなっただけだ。だから、正確には牛スポンジ状脳症（BSE）と呼ぶ。その牛肉を食べた人もクロイツフェルト＝ヤコブ病という脳機能障害になった。」

——なんだかこわいね。

「ところが、その病気を発症する人は一〇〇〇万人に一人で交通事故の一〇〇〇分の一以下なんだ。しかし、いつ自分がその病気に罹るか、ずいぶん多くの人が不安感を持った。めったに起こらず、自分では用心しているつもりでも罹ってしまう。それが安心できなかった理由だと思うよ。人間の心理は複雑だね。」

——放射能も同じかしら？

「原発事故で急に降りかかってきたものだし、自分ではどうしようもない。だから、いっそう不安感が強いのだろう。ちゃんとした情報が一番大事だと

BSE問題
イギリスで起こった牛の病気。BSEにかかった牛肉を食べて、若い人もふくむ一〇〇人以上の人がクロイツフェルト＝ヤコブ病で亡くなった。BSEの牛の肉や骨を、牛に飼料としてあたえたことが原因と考えられている。

思うよ。」

放射能汚染

――放射能が広がっているね。

「福島の原発から出た放射能が、空中をただよって空を飛び、雨とともに地上に落ちてきている。それからの放射線が各地で検出されているようだね。」

――どこまで広がるの？

「チェルノブイリの場合は空中爆発だったから、風に乗って遠くまで広がった。福島事故の場合は、今のところそれほどの量が出ていないし、梅雨時でもあって比較的近くに留まっている。」

――でも、静岡のお茶の葉にたまっているって。

「一種のホットスポットだね。これからもあちこちで出るだろう。放射能がばらまかれているのは事実だから。」

——用心しなくちゃならないの?

「用心するにこしたことはない。けれど神経質になることもない。実態を正しく見て、過度にこわがらないことだ。化学毒ではないのだから、今すぐに命に関わることはない。」

——でも、なんだか心配になるよ。

「とりあえず、胎児をもつお母さんや幼い子どもなどは避難したほうがいいと思うよ。年間で二〇ミリシーベルトは甘すぎるからだ。一〇年先、二〇年先を考えねばならいからね。」

——では、私はだいじょうぶなの?

「だいじょうぶなんて誰にも言えない。しかし、過大に考えすぎてパニックになる必要もない。〝正しくおそれる〟のでいいんだ。」

——正しくおそれるって、何のこと?

「まず、放射能や放射線のことをよく知ること。〝正しく〟とは、ちゃんと知識を持って、正体を見きわめるってことだ。アイマイなままで疑ってばかりいたら、かえってこわくなってしまう。〝おそれる〟とは、軽く見ない、用心して対応するってことだ。」

——じゃ、正しい知識で正体を見きわめ、用心するってことだね。

「そう、どんな敵に対しても同じだよ。風評被害ってあるね？」

——風評被害って、悪い評判が広がって、物が売れなくなってしまうことね。

「そうだ。実際にはぜんぜん放射能に汚染されていないのに、あそこは放射線が強いとか、汚染されているかもしれないと勝手に思い込んでしまい、それが人びとに伝わって買わなくなってしまうので、生産者が被害を受けることだ。」

——なんだか無責任ね。

「うわさだけで判断してしまうからね。うわさはうわさを呼び、大ゲサになっていく。流言飛語《りゅうげんひご》という言葉があった。」

——流言飛語って？

「根拠がないのに言いふらされるので、人がいかにも本当のように思い込んでしまうことだ。デマとも言うね。昔、震災のとき大変な事件が起こった。」

——どんな事件なの？

「一九二三年に起こった関東大震災のとき、朝鮮の人びとが暴動を起こすとか、井戸に毒を放り込んだといううわさが広がり、自衛のためだと言って朝鮮人を虐殺《ぎゃくさつ》したんだ。」

——ひどいことしたね。朝鮮の人びとはなにもしなかったのでしょう？

「むろんなにもしていない。人びとが不安感を持っているとき、危ういうわさが広がりやすくなる。日ごろから朝鮮の人びとに対して誠実に対応していないという後ろめたさもあったのだろう。復讐《ふくしゅう》されてもしかたがない、それならこちらからやっつけようというわけだ。」

――だれが言い出したの？

「それはわかっていない。根も葉もないことが、あたかも真実であるかのように伝えられ、伝言ゲームのように意味がどんどん変わっていくから、うわさ、デマ、流言飛語はこわいんだ。風評被害もそれと同じと言えるね。」

――ところで、本当のところ、どんなものが放射能で汚染されているの？

「まず、ホットスポットの土地に、放射性物質が多く降りそそいだから、土地が汚染された。」

――小学校の校庭が使えなくなって、子どもたちが遊べないって。

「放射能が校庭の土にしみこんでいるから、呼吸によって体の内部に入ってしまうことが心配されるね。大変なのは、農地だ。そこに作物を植えると放射能を吸収していくから、作物に放射能がたまってしまう。」

――作物を作ることが禁じられているの？

「そう、何年も農地が使えなくなる。放射能が土地にへばりつくと、かんたんには土地を改良するというわけにはいかないからだ。なにしろ農地は広いからね。」

——チェルノブイリは二五年もたつのに、まだ立ち入り禁止の土地があるらしいね。

「土地の汚染は長く続くから、問題は深刻だね。」

——土地が汚染されていると、農作物にも影響があるね？

「今問題になっているのは、レタスやホウレンソウなどすでに育っていた作物が放射能汚染したことだ。葉や茎が放射能に汚染されている。それはちゃんと洗い流せばいいのだけれど、わざわざそんな作物を買う人はいないだろうね。」

——出荷禁止になったって。

「それは当然だけれど、作物が生育するなかで雨にふくまれていた放射能を吸収していたもののほうが大変だ。」

――洗っても放射能が落ちないし。

「結局、すべて畑から抜いて廃棄するしかない。だいじょうぶなものだって風評被害で売れないし、農家の人びとは大変だ。」

――牛乳も危ないって?

「牛は草やワラを食べる。草やワラに放射能がついていると、当然牛の体内に入り、牛乳に混じってくる。牛にとってはたいした放射能ではないけれど、牛乳や牛肉に混じってしまえば人の体内に入るからやはり危険だ。」

――つぎつぎとつらなっているのね?

「生態系とは、生命活動の連鎖によって生き物すべてがつながっているということだ。今のことで言えば、土地―草・ワラ―牛―牛乳・牛肉―人間というつながりだ。それでこそ生命世界が成り立っているのだけれど、どこかでまちがいがあれば生命世界全体に影響を及ぼすということになるんだ。」

――魚も問題になっているね?

「海は地球表面の七五％を占めていて広いから、なんでも流し込めば薄めてくれると考えてきた。今度の原発事故で放射能に汚染された水を海に流し込んだこともあった。」

――海って大きいからね。でも、魚に影響があるんだって？

「海は大きいけれど、かんたんには汚染水が混じっていかないことがわかってきた。流した水がそのまま帯《おび》のようになって流れていることがわかったんだ。」

――インキを水に垂らすと、すぐに広がってしまうけれど。

「それは、水の流れがなく、少ない量を混ぜただけだからさ。一気に大量な水を混ぜたらどうなるだろうかね。海には海流があるし、海の表面と海面下では温度も違っているし。」

――でも、そんなこと調べていたのでしょう？

「まだまだ研究が足りなかった。それに生物濃縮《せいぶつのうしゅく》ということもある。」

——生物濃縮ってなに？

「海も典型的な生態系だ。植物性プランクトンがいて、それを食べる動物性プランクトンがいて、またそれを食べる小さな魚がいて、それを食べる大きな魚がいる。そのあいだに、食べたものがどのように変わると思う？」

——それぞれの体になっていくんだね。

「例えば、骨の部分は、少しずつ大きいものに食べられるから足しあわされていき、どんどん放射能がたまっていくんだ。だから、はじめはごく薄い放射能だったものが、生き物のつながりのなかで濃くなっていく。これを生物濃縮という。」

——だったら、最後の大きな魚を食べる人間には危ないの？

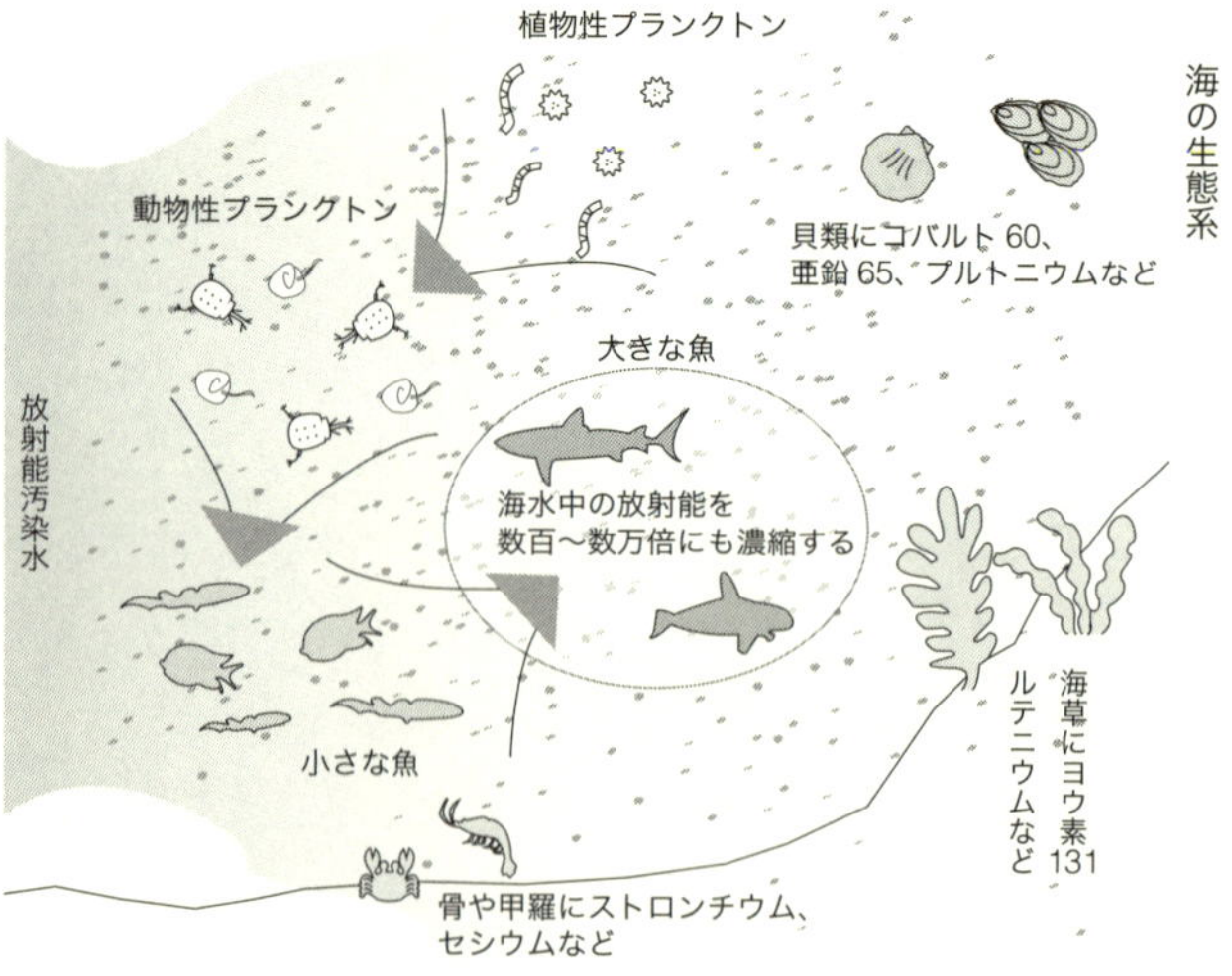

「そういうこと。かつて水俣病《みなまたびょう》という公害があった。」

――どこかで聞いたことがあるよ。

「水俣病は工場排水に混じっていた有機水銀が原因だった。生物連鎖のなかでどんどん濃縮されて、最後の魚を食べた人びとに大きな被害をあたえた事件だった。」

――魚が濃縮していたの？

「そうだ。魚の食い食われの関係のなかで水銀が濃縮されていたんだ。だから、汚染水の放射能がまだ少ないといっても、海の生態系のつながりが放射能を強めていくことが考えられるんだ。」

――じゃ、魚も危ないの？

「すべてがそうではない。きちんと放射線の量を測っているから、売られているものはそう心配することはない。放射線に関しては、絶対安全も絶対危険もない。自分で選んでいくしかないんだ。だから、むやみに心配すること

水俣病
一九五六年に公式認定された公害で、熊本県のチッソ水俣工場の排水にふくまれていた有機水銀が魚介類に濃縮され、それを食べた人に神経症疾患をもたらした。患者数は数万と言われている。続いて、新潟県阿賀野川流域で昭和電工の排水からも同じ公害病が発生した。これを新潟水俣病と呼ぶ。

なく、〝正しくおそれる〟ことが大事なんだ。」

——父さんの言うことを聞いていると、しっかり見て、自分で判断できるようにすればいいことがよくわかったよ。

「そう言ってくれるとうれしいね。なにごとも自分の頭で考えることが大事なんだ。」

5　原発が抱えている問題点って？

原発は安くない

――原発にはいろんな問題が言われているね。

「これまでにも話してきたけれど、じつにいろんな問題点を抱えている。それらには科学に関することもあり、政治や経済にかかわることもある。それらを洗い出してみようか。」

――父さんの専門に近い放射能の問題を中心に話してきたからね。

「まず、原発による電気の値段が安いってことが原発の売りだった。電力を一キロワットアワー生産するのに、どれくらいの費用がかかるかを比較する。これを発電単価《はつでんたんか》という。燃料の値段、その輸送にかかる費用、発電設備を作る費用、動かすのに必要な人の人件費、点検や修理のための費用、廃棄物処

電力量――kWとkWh
単位時間あたりの電力量はキロワット（kW）で表される。各瞬間で使われる電力である。それをどれくらいの時間使ったかを示すのがキロワットアワー（kWh）で、実際に使った電力のエネルギーを表す。

理などの費用、それらすべてを見積もって、設備が使えなくなるまでの総発電量で割れば発電単価が出せる。」

――でも、石油やウランの値段が変わったり、何十年も設備を使ったりするのだから、かんたんにはいかないんじゃない？

「実際には、燃料費がその大部分を占めていて、その他の費用は補正くらいにしかならない。現時点での値段がそのまま続くと仮定して計算する。例えば、設備の建設費用ははじめは高くつくけれど、長く使い、また設備利用率《せつびりようりつ》が高ければ安くつくことになる。」

――設備利用率ってなに？

「計画された発電量に対し、実際に発電設備が動いた時間の割合のことだ。正式には、それで一年間に発電した総電力量（kWh）を、認可された出力（kW）に一年の時間数八七六〇時間をかけた量で割って出している。設備利用率が高い、つまりよく使えば発電単価に占める建設費の割合は少なくなる。工場が休んでばかりいれば、工場の建設費が製品の値段にはねかえる。ちょうど、工場がフル生産して大量の商品を作ると、建設費より運転費のほうがきくようになるのと同じだ。火力発電は安定して動くので八五％以上だけれど、原発は点検や修理の時間がかかるため六五％ていどでしかない。」

——それで差が出てくるの？

「そのまま設備が壊れず寿命まで使えるとしての話だから、不確定度は高い。しかし、よほどのことがない限り、総発電量は非常に大きいから、発電単価はほとんど燃料費で決まっているとしてよいと考えられている。」

——それで計算すると原発は安いの？

「石油や石炭の火力発電は一〇円ていどだけれど、原発は八円とされている。風力発電は二〇円くらいで、太陽光発電は四〇円と高い。原発はいちばん安いと言われてきたんだ。でもくわしく調べてみれば問題がある。」

——問題って？

「原発の設備利用率は六五％ていどなのに八〇％と仮定して安く見積もっていることだ。」

――原発が安くなるように計算しているの？

「そういうこと。そのほかにも、この計算にふくまれていない要素が多くある。例えば、火力発電の場合、イオウや窒素酸化物などの酸性雨になる原因物質を減らすよう工夫しているけれど、二酸化炭素は垂れ流しにしている。廃棄物処理費用が安くついているんだ。原発の場合は、最初のウランの採掘から精製までのあいだの労働者がこうむる放射線障害がきちんと見積もられていない。政治が介入してウランが不当に安く取引されているからね。それから日本では原発を作る町や村に税金を投入しているけれど、これも計算に入っていない。」

――え、税金が投入されているの？

「原発を建設すると電源開発のための交付金《こうふきん》が支払われるけれど、それは税金だから発電単価には入らないんだ。けっきょく、このお金は電気料に上乗《うわの》せされて、私たち消費者が払っていることになる。」

——ほかには？

「事故が起こったときの賠償金《ばいしょうきん》は少ししか積み立てられていない。今度の事故で賠償金が不足していることは明らかだ。放射性廃棄物の再処理や死の灰の半永久的保存のための費用も少ししか考慮されていない。要するに、順調に動かすのに必要な費用だけしか計算せず、それ以外の費用は国が税金で肩がわりしたり、電気代に上乗せしたり、形ばかりしか考えていなかったり、というわけだ。」

——余分の費用を入れればもっと値段が高くなるの？

「そうだ。例えば、放射性廃棄物の再処理工場には二兆円というお金が注ぎこまれているけれど、ほとんど国が出している。廃棄物の保管に関しては電力会社は八〇年分しか考えていないから、知らん顔してると言っていいだろう。」

――今度のような事故が起こったらもっと費用がかかるでしょう？

「むろん、何十兆円とかかる。そんな大金は電力会社も持っていないから、国が代わりに払うのと、電気代に上乗せして消費者が払うことになる。そんな費用を小さめに見積もっているから発電単価が八円になるっていうわけだ。」

――じゃ、原発は安いと言えないじゃない。

「厳密《げんみつ》にそれを示すのには経済学の知識が必要で、父さんには無理だけれど、原発は安くないことを証明している経済学者もいる。これからちょっと勉強しよう。」

――だいたい、一万年も管理しなければならない費用なんてどう計算するのかしら。

「一万年前といえば、日本は旧石器時代だ。そんなに長い期間だから、社会も大きく変わっているのはたしかで、費用なんて見積もれないよね。」

――それにしても、太陽光発電はえらく高い気がするね。

「まだ進化の途中だからさ。純度の高いシリコンを作るのに費用がかかり、一〇年しかもたないとしているためだろう。今ではもっと値段の安い材料が開発されているし、寿命は二〇年になっている。なにより、多く生産するようになると量産効果で値段はぐっと下がると思うよ。」

――風力発電は比較的安いのね。

「太陽光と発電の原理が異なるからね。太陽光の場合は、光エネルギーを電子の運動に変えるというミクロな過程を利用しているから設備も精密になって費用がかかる。風力の場合は、風の力で発電タービンを直接回すようなものだから、比較的単純なのだ。一基で一〇〇〇キロワット発電でき、それをいくつも山や海岸に並べることができる。それに量産効果も加わって劇的に安くなった。」

――いろんな電気の起こしかたがあるんだね。

「原発の場合、もうひとつ膨大なムダをしていることを言っておかねばならない。原子炉で発生した熱エネルギーのうち、電気として使っているのは三分の一だけで、残りの三分の二は海に捨てているんだ。」

――え、どうして？

「原子炉で発生した熱エネルギーを水に吸収させて水蒸気にして電気タービンを回す。ここまでは話したよね。タービンを回した水蒸気は海水で冷やして水に戻し、それをまた原子炉に戻し循環させている。温度の高い水蒸気から海水に熱エネルギーを移して、そのまま海に捨てていることになる。これを温排水《おんはいすい》といい、それが三分の二にもなるんだ。」

――水蒸気で電気タービンを回すのなら火力発電も同じなの？

「火力発電の場合は四〇％以上を電気にしている。火力に比べて原発では非常に温度の高い水蒸気にするのでふくまれる熱エネルギーが多く、その分捨てる割合が高くなる。」

――海水の温度が上がるので地球温暖化にも悪影響をあたえているのではないの？

「温度が七度ほど高い温排水を一秒間に七〇トンも排出《はいしゅつ》している。学校のプールにためた水が一〇秒で出る計算になる。地球環境にあたえる影響はそう大きくはないけれど、原発周辺の海水温が上がって海の生態系が変わっているのはたしかなようだ。」

過疎地の収奪

――原発は、人があまり住んでいない場所に建てられているね。

「父さんは、これを植民地《しょくみんち》主義のなごりだと言っている。植民地は、開発の進んだ国が開発の進んでいない国や地域に出かけて、そこにある富や生産品を安く買い、高い製品を売りつけて本国の利益《りえき》にして支配するやりかたのことだ。それに似て、過疎《かそ》地に少しだけお金をあたえて原発を建て、生産した電力をすべて豊かな都市に送っている。地方を貧しい状態にしておいて、いやな原発を押しつけていると言えるね。」

——東京に原発を作ればいいのに。

「本当に安全なら東京に作ればいいのだけれど、事故が起こると多数の被害者を出すことが目に見えている。そこで人の少ない土地に目をつけ、金の力で認めさせるという方法を使う。国策だからと言って。」

——税金を使うのね。

「原発を建てると電力会社は固定資産税《こていしさんぜい》という税金を払う。これは地方税だから原発を作った町や村に入る。原発で人が雇用できるし、さっきの電源開発交付金も入る。貧しい地域にとってはありがたいということになる。けれど、これは麻薬《まやく》に似ている。」

——どうして麻薬に似ているの？

「麻薬は飲んだとき気分がよくなるけれど、切れると禁断症状を起こしてもっとほしくなるだろう？　止まらないんだ。原発の場合も、電源開発交付金や固定資産税が多いあいだ、町の財政は豊かになる。それでさまざまな施設を建てる。ところが、それらのお金はだんだん減っていく仕組みになっている。すると、建てた施設の管理費だって出せなくなる。そこで、またお金がほしくなって原発を増設しようということになってしまう。」

――原発が麻薬みたいになるのね。

「人間は一度楽をしたり豊かな生活をすると、なかなか元に戻れないからね。」

――でも産業がなにもない過疎地だったらしかたがないところもあるんじゃないの？

「しかたがないとして原発にたよってきた。本当にそれがいいかどうかだね。父さんは、お金の使いかたがまちがっていると思うよ。産業がないところでも、自分の力で町おこし村おこしをしているところはたくさんある。そんなところには政府が必要な資金を出して手助けする、そんな政治がおこなわれていたら、わざわざ危険な原発を作る気にはならないだろう。だから逆に、貧しいまま放っておいて、原発にたよらないとやっていけないように追い込んできたとも言えるね。」

——そんな問題があったのか。

「根ぶかい問題だから、それほどかんたんな話ではない。しかし、国が原発を推進するという方針をとってから、税金の制度やインフラと言われる道路や港を整備するなど、すべて原発建設をあと押しするような政策がとられてきたのは事実だね。」

——電力会社のコマーシャルもずいぶん流されたし。

「有名な人が原発を推薦《すいせん》していたね。電力会社は多額のお金を使って、原発は安全と宣伝し、いろんな催《もよお》しのスポンサーになり、政治家に献金し、学者には研究費を提供し、ということをやってきたんだ。そのため原発に文句を言うどころか、多くの人が原発はだいじょうぶと思うようになり、過疎地のことも考えなくなった。安全神話が行きわたったということだ。人びとも反省しなければならないところもあるね。」

——でも、父さんたち反対していたんじゃない？

「うん、いろんな地域で原発や核施設への反対運動があった。とくに、最初に建設立地を言われたところでは、強い反対があるものだ。これまでの生活スタイルを変えなければならず、それなりにちゃんと生活している人にとっては余計なものだからね。」

——でも、だんだんに賛成派が多くなっていくんだ。

「お金の威力《いりょく》で賛成せざるを得なくなっていくからだ。過疎地が多いから、働く場所がなくて子どもたちが村や町から出ていく、出稼ぎしなければやっていけない、安い土地が高額で売れて老後の生活が安心できるなどという理由からで、それを否定してがんばれと言えるものではない。」

——それでどんどん原発が作られてきたんだ。

「でも、がんばりきって、原発を拒否したところもあるよ。三重県の芦浜《あしはま》は漁業を守るという点で一致して、三〇年をへて中部電力の原発建設計画を撤《てっ》回《かい》させた。新潟県の巻《まき》町では、住民が学習会を重ねて原発の問題点を討論し、住民投票で東北電力の原発を阻止《そし》したんだ。」

——そんな地域もあったのか。

「瀬戸内海の祝島《いわいじま》では、地元の住民が地域の自然を守ろうと立ち上がって、中国電力の原発建設計画に抵抗してきた。まだ、最終決着はついていないけれど、今回の事故が起こっておそらく電力会社もごり押しできないだろう。」

——祝島の映画を見たけれど、あんなに美しい土地が原発にねらわれたんだね。

「便利で楽な生活こそ一番とする現代流の考えに対して、多少不便でも昔な

祝島の映画
『ミツバチの羽音と地球の回転』鎌仲ひとみ監督、二〇一〇年
『祝の島』纐纈あや監督、二〇一〇年（DVD、紀伊國屋書店、二〇一一年）

がらの平和でおちついた生活こそ大事にしたいという祝島の人びとの心がこもっていたね。原発は地域の生活様式を壊してしまうものだから、かんたんには明けわたさないというわけだ。」

——そんな気持ちを大事にしたいね。

「そんな気持ちから、原発の建設差し止め訴訟が数多く起こされたけれど、ほとんどの裁判で負け続けてきた。原発の安全性を問いかけたものだけれど、裁判所は国や電力会社の言うことを鵜呑《うの》みにして、安全であると認めてきたんだ。」

——だって、今回の事故で安全ではないことがわかったじゃない。

「ただひとつだけ、北陸電力の志賀《しか》原発の差し止め訴訟で、原発の危険性を認めた判決が出たけれど、高等裁判所や最高裁判所でそれも否定された。父さんは、再度原発の稼働差し止め訴訟を起こすよう主張している。これだけの事故を起こしたのだから、これまでの判決を見なおす必要があると思うからだ。」

——裁判も公正ではなかったの？

「父さんは、裁判官がちゃんと勉強せず、国策や安全神話を認める判決しか出さなかったと思っている。それをもう一度調べなおすことが必要なんだ。」

電力会社の独占体制

——いろんな問題が重なっているんだね。

「もうひとつ、日本では電力会社が地域独占体制《ちいきどくせんたいせい》をしいていることも問題だ。」

——地域独占体制って？

「日本は、沖縄をふくめて一〇の電力会社が日本を分割していて、各地域の発電・配電・電気の売買を一社が独占している。電力の供給に責任を持たせるという名目だ。」

——ひとつの会社が責任を持って電気を作り、各家庭にまで送ってくれるのだからいいんじゃないの？

「電気が足りないような時代では、停電を起こさせないようある地域を責任を持ってカバーするため、独占させるのは必要だったかもしれない。しかし、電気が余るようになってもその独占体制が続けられてきた、それが問題なんだ。なぜだかわかるかな？」

——なぜだろう？

「独占体制とは、だれも競争者がいないことを意味する。すると？」

——そうか、値段が高いからって電力会社を変えるわけにはいかない。

「もんくを言えば、あなたの家には電気を送りませんよというわけだ。だから電力会社は大もうけしてきた。電気代には、かかる費用の三％のもうけが自動的にふくまれているんだ。そのお金を宣伝や政治家への献金に使い、独占状態を守ってきたのだ。」

――大きな企業では、自分の設備で電気を作っているのでしょう。

「自家発電だね。太陽光発電や風力発電だってそうだ。その余った電気は電力会社に買い取ってもらうしかない。送電や配電も電力会社のものだから、勝手に売ることができないのだ。その買い取り値段は安い。電力会社は安く買って高く売るようにできる。」

――なんだかひどい商売ね。

「そこでヨーロッパやアメリカでは、発電と送配電と電力売買を分割して自由競争できるようにした。」

――実際にはどうするの？

「火力発電や原発で電気を作る会社、それを引き取って電線網で各地に電気を送り、消費者にまで届ける会社、会社によって異なる値段の電気を売り買いする会社に分けたのだ。」

――じゃ、消費者はそれらの会社を選べるの？

「そういうこと。原発がいやなら太陽光発電の電気を売る会社を選べばよいし、値段が安いからと原発からの電気を選ぶこともできる。」

――でも、そうすると太陽光発電に人気が集まって足りなくなったり、原発の電気が余ってしまったりするんじゃないの？

「当然、最初はそんな混乱があったけれど、今はスムースにいけている。人気があれば値段が上がるから、会社はもうけたお金で新しい設備を作ることができる。またそうしないと、高い値段のままでは消費者は逃げるかもしれないからね。電気が余ると値段が下がるから、安い電気を求める人は助かることにもなる。」

――でも、父さんは何でも自由競争にするのは反対だっていつか言ってたよ。

「教育や社会福祉や医療など社会が責任を持っておこなうべき公共的なものと、お金もうけにつながる私的なものとは区別しなければならない。電気は日常に必須《ひっす》のものだから公共的要素があり、金もうけだから私的でもある。そんな場合は、いろんな状況を考えて慎重にやらねばならないのは事実だ。しかし、日本の電力会社は独占的傾向が強まってしまい、いっさいの競争がないのはおかしいと言えるね。」

——でも、送電線は電力会社のものなんでしょう？

「それをいったん国が買い上げて、いろんな企業に売ることにすればいいよ。」

——電気の種類ごとに、余ったり足りなくなったりしたらどうするの？

「それは電気の取引所のようなところで調節すればいい。最近スマートグリッドという方法も研究されているし。」

——スマートグリッドってなに？

「りこうな送電網という意味で、コンピューターで電気が余ったり足りなかったりする予想を立て、たがいに融通《ゆうづう》する方式だ。」

――じゃ、原発の電気と太陽光の電気がごっちゃになってしまうじゃない。

「最初はそういうことが起こるかもしれないけれど、いろんな電気が競合していくうちによく使われる電気と使うのがいやな電気の区別がついていくんじゃないかな。時間をかけて進めるしかないね。」

――地域独占だったら、電気が余っている電力会社から足りない会社に送れないの？

「一部はおたがいに融通しあっている。しかし、日本の電力システムにはもうひとつ致命的《ちめいてき》な欠陥がある。」

――なんだかずいぶん大げさね。

「電気を送るときに当然送電ロスがある。送電線に電気抵抗《ていこう》があって、それによって電気が熱に変わってしまうのだ。そこでロスを小さくするため、電圧を高くする代わりに電流を小さくできる交流の電気を使う。交流は一定の時間ごとに電流の向きが変わるという特徴《とくちょう》がある。その電流の向きが一秒当たりに変わる数を周波数《しゅうはすう》といい、東日本は五〇サイクル、つまり一秒あたり五〇回変わり、西日本は六〇サイクル、一秒あたり六〇回変わるという差があるんだ。これが障碍《しょうがい》になっている。」

——どんな障碍があるの？

「かんたんに電気が送れないことだ。東日本と西日本の間の電気をやりとりするために周波数を変えなければならない。そこらの電気製品にも周波数を変える装置がついているけれど、大がかりに電気を送るためには何千億円という費用がかかる。今度の事故で関西電力や中部電力から東京電力に送れる電気の量はせいぜい一〇〇万キロワットていどらしい。」

——なぜそんな違いがあるの？

「多分、明治になって雇って指導してもらった外国人の国が、東日本と西日本で違っていたためだろう。そして電気会社を統合したとき、地域独占にしたため電気の融通をしなくなり、そのまま固定されてしまった。せまい日本なのに、そんな変なことがずっと続いてきたんだ。

——日本中で電気が融通できないと、電気の自由な売り買いもできにくいね。

「そういうことだ。電力会社の分割以外にも、自家発電や太陽光発電による電気を買い取る制度も必要だ。」

——うちの余った電気は関西電力が買い取ってくれるので、父さんよろこんでいたじゃない。

「少しは設備にかかった元が取り戻せるからね。しかし、現在は余った電力しか買い取ってくれない。だいたい電気が余ってもためられないから、電力会社もこちらの足元を見て安くしか買ってくれないし。」

——買い取り制度とはどう違うの?

「余った電気ではなく、発電したすべてを買い取るという制度だ。そうすると、空き地に太陽光パネルを置いて電気を作って全部売ることができる。そうすると投資した元が早く取り戻せるから、太陽光発電をしようという人も増えるだろう。」

――でも、おとなりの人はそれが電気代に上乗せされているって文句を言ってたよ。

「たしかに、今は太陽光発電の買い取り代金を電気代に上乗せしている。電力会社は、なんにも自分で金を使おうとしていないのだ。いったん国が買い上げるとか、電気を売買する会社が買うということで消費者の負担にしなければいいんだけれど。もっとも、それによって買い取りの値段が下がる心配もあるけれど。」

――父さん言ってたじゃない。太陽光発電をするのはお金もうけではなく、環境と心の健康のためだ、って。

「そう初心に返らなくてはならないね。環境と心の健康のためだった。けれど、そのうえ経済的にもうるおえば言うことはない。最後に、日本の原発政策のもうひとつの深刻な問題点を言っておこう。」

核兵器への疑い

——まだあるの？

「日本は原発を進めていく上で、世界のどこでもやっていないことを進めようとしているんだ。核燃料サイクルと言う。」

——核燃料サイクルって？

「原子炉で核燃料を燃やすと、ウランの燃え残りがあるし、プルトニウムという核分裂する元素も作られる。そこで、使用済みの核燃料を再処理してウランやプルトニウムを取り出して、もう一度使おうというわけだ。核燃料をリサイクルするようなものだ。」

——でも、使用済みの核燃料には放射能がたくさんたまっているのでしょう？

「うん、だから細心の注意を払って再処理しなければならない。もうひとつは、高速増殖炉《こうそくぞうしょくろ》だ。」

——高速増殖炉って舌をかみそうな名前ね。

「ウランやプルトニウムの核分裂によって放出された中性子を高速のままで使うので高速、その中性子を分裂しないウランにぶつけてプルトニムを増やしていくので増殖炉、というわけだ。燃やしたプルトニウム以上のプルトニウムを作ることができるので夢の原子炉って言われたことがある。でもそれは、本当に夢でしかないらしい。」

——なんだかむつかしくなってきたね。じゅんじゅんに聞くよ。どうして高速の中性子をそのまま使うの？

「プルトニウムを効率よく作るためだ。ふつうの原子炉はウランを分裂させやすいよう、中性子の速度を落とすようになっている。そのために水を使って減速させている。」

——水だと速度を落としやすいの？

「そうだ。中性子は水分子の水素とぶつかると、同じ重さくらいだから、速度が落ちやすい。玉突き（ビリヤード）で玉を衝突《しょうとつ》させるようなものだ。ぶつかると止まって、ぶつかられたほうが動き出すだろう？」

——じゃ、速度を落とさないようにするにはどうするの？

「ナトリウムを使う。ナトリウムは中性子に比べてずいぶんと重いから、ぶつかってもエネルギーを失わず、はね返されるだけになる。」

——ナトリウムってどんな元素なの？

「ふつうは金属だけど、温度が上がると溶けてどろどろの液体になる。だから、核分裂で発生したエネルギーをナトリウムに吸わせ、それで熱エネルギーを運んで、それから水にエネルギーを渡

高速増殖炉の模式図

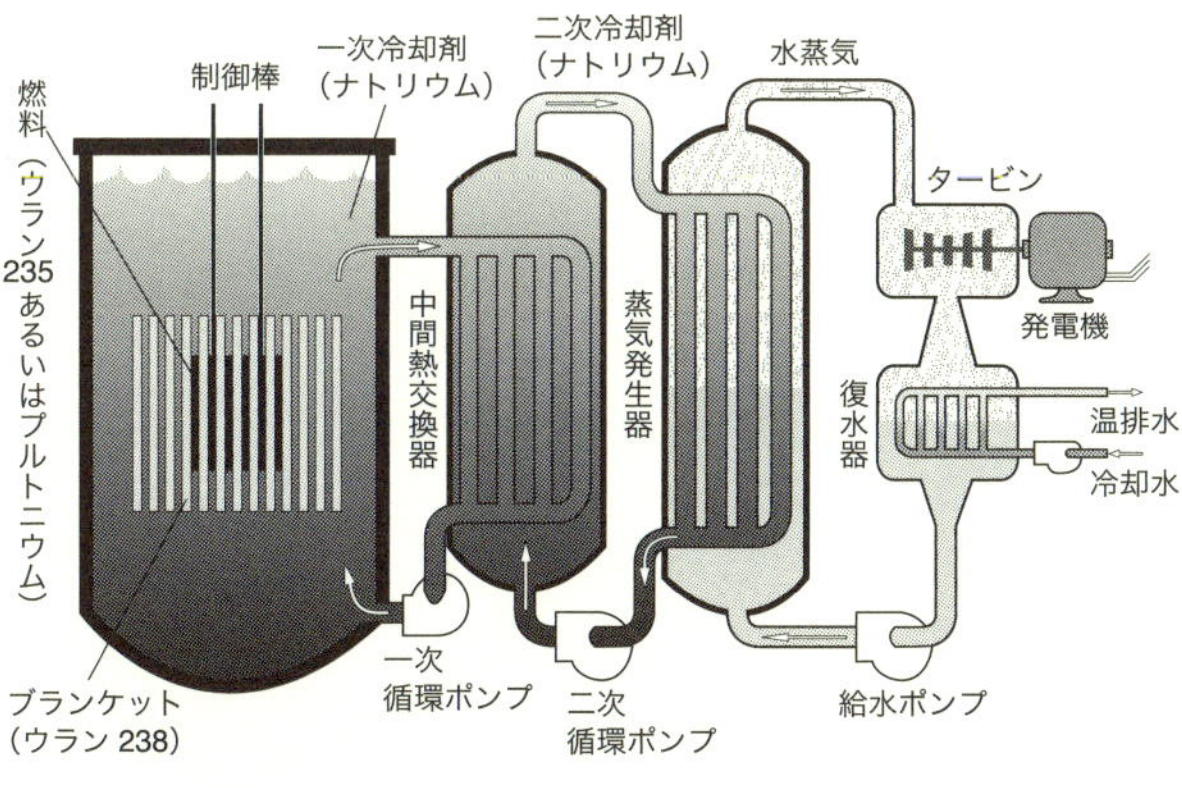

して水蒸気にする。それが発電タービンを回すという仕組みになっている。」

――なんだかややこしいね。

「ナトリウムはあつかいがむつかしい金属で、空気や水に触れるとすぐに燃え出すという性質がある。だから、細心の注意が必要だ。」

――増殖ってプルトニウムが増えていくこと？

「ウランやプルトニウムを核分裂させてエネルギーを出しつつ、そこで減ったウランやプルトニウムの量以上のプルトニウムを作るというので増殖ってわけだ。」

――そんなにうまくいくものかしら。

「じつはうまくいっていない。一番の問題はナトリウムを安全かつスムースに使いこなすのがむつかしいことだ。これまでアメリカやフランスが挑戦してきたけれど、みんな失敗して止めてしまった。なぜか日本だけがんばってるけれど、大きな失敗をした。」

――どんな失敗？

「日本では「もんじゅ」と名付けた高速増殖炉を建設した。核分裂で発生した熱エネルギーを吸ったナトリウムは溶けて流れていくけれど、その途中にナトリウムの温度を測る細長い温度計が並んでいた。ナトリウムの流れによって温度計がガタガタ揺すられたため、根っこから折れてしまったのだ。そこに穴が開いてナトリウムが漏れ出し、空気中の水分に触れて燃えだしたというわけだ。」

――へー、そんなことがあったの？

「一九九五年のことで、その事故のために「もんじゅ」は一〇年間ストップした。やっと再開にこぎつけたけれど、今度は大きな部品が落下してまた動かなくなってしまった。一〇年間も動かさなかったから、たくさんの不具合ができていたのだろう。もうあきらめて高速増殖炉は止めればいいのに。」

――なぜ止めないのかしら？

「高速増殖炉を運転して再処理をすると純度の高いプルトニウムが取り出せる。それを原子炉の燃料にする、つまり核燃料が節約できるというのが公式意見だった。ウラン燃料が足りなくなってもだいじょうぶというわけだ。」

——でも、ふつうの原子炉はウランを燃やすのでしょう？

「プルトニウムは核分裂しやすいので、コントロールするのがむつかしいからだ。ウランが石油だとすると、プルトニウムはガソリンのようなものだね。だから使うのがむつかしくて、日本は四〇トンものプルトニウムを持っている。そこで考えたのが、ふつうの原子炉のウランにプルトニウムを少しだけ混ぜて燃やすことだ。これをプルサーマルという。」

——プルサーマルって、どういう意味？

「プルはプルトニウム、サーマルは熱的という意味だ。ウランの分裂で放出された中性子の速度を水と衝突させて落として熱的中性子にし、プルトニウムに吸収させて分裂させるというわけだ。」

――プルトニウムをウランに混ぜるの？

「これをＭＯＸ燃料という。混合酸化物燃料《こんごうさんかぶつねんりょう》と訳されているが、プルトニウムを酸化物にしてウラン燃料に混ぜているのだ。それを作るのに、ウランだけの燃料に比べて三倍以上のお金がかかる。」

――そうすればプルトニウムが減らせるの？

「ところが、もともとウランを燃やすように設計されている原子炉だから、ＭＯＸ燃料は三分の一ていどしか入れられない。そんなに減らせないのだ。その上、石油にガソリンを混ぜているようなものだから、原子炉に大きな負担をあたえることになり危ないと言われている。そのため、あまり進んでいない。」

――じゃ、そもそもなぜ高速増殖炉でプルトニウムを作ろうとしたの？

「その疑問に対し、外国からは日本も核兵器を持とうとしてプルトニウムをためているのではないか、と疑われている。」

――え、日本も核兵器を持つの？

「公式にはそんなことひとことも言っていないけれど、純度の高いプルトニウムをたくさん持っているのだから、疑われてもしかたがないね。なにしろ、プルトニウムは八キログラムくらいで原爆ができる。四〇トンもあれば、何発の原発ができるかな？」

――四〇トンは四万キログラムだから、五〇〇〇発。

「すごい量だろう。そのため日本は潜在的《せんざいてき》核保有国と呼ばれている。今のところ核兵器は持ってはいないけれど、作ると決めればすぐにでも核兵器を保有する国になるってわけだ。」

――なんだかおそろしいね。

「つまり、原発と原爆は兄弟のようなもので、切っても切れない関係があるってことがわかるだろう？　だから、原発だけを取りだして議論するのは危険だってことだ。」

6　ではどうすればいいの？

脱原発への道

――こんな危険な事故を起こすなんて、もう原発をなくすことはできないの？

「いろいろ大変なことが予想されるけれど、きちんと考え、順を追ってやっていけば、原発はなくすことができると思うよ。」

――本当にそうできるのかな？

「疑っているね。じゅんじゅんに話していこうよ。原発がなくなって一番困ることはなにかな？」

――電力が不足して、停電があったり、工場生産ができなくなったり、電車が時間通りに動かなかったりと、いくらでも困ることがありそうだよ。

「そうだよね。停電があれば生活に困るし、工場の生産ができなくなると日本の経済力が下がるし、電車が時間通りに動かないと予定も立てられない。しかし、全部が原発にたよっているのだろうか？」

――だって、そう言われているもの。

「日本では、全体の電力量の三〇％を原発に依存《いぞん》していると言われている。しかし、実際の使用電力量を調べると二五％くらいだね。」

――二五％だとすると四分の一だね。でも、ずいぶん多いじゃない？

「多いことは多い。けれど、もっとくわしく見ると、そんなに多いわけではない。原発の弱点はかんたんに出力を上げ下げできないことだ。だから、あまり電気を使わない夜間でも電気を作っている。それもカウントされているんだ。」

――どうして、原発はかんたんに出力が変えられないの？

「ふつうの火力発電の場合は、電力の使用が少なくなると石油や石炭を燃や

日本の電力調べ（二〇〇八年実績）

	設備容量（万 kW）	発電電力量（億 kWh）
火力発電	14,002	6,238
原子力発電	4,820	2,581
水力発電＊	4,625	750

＊水力発電には、揚水発電と自然エネルギーをふくむ

出典：『原子力市民年鑑２０１０』（原子力資料情報室編、七つ森書房、二〇一〇年）

す量を減らして出力を下げることができる。ところが、原発は複雑な核反応を利用しているからかんたんに出力を調節できず、いつも決まった電力を出し続けることになる。」

――そのため、夜の電力料金は安いのね？

「よく知っているね。電気の弱点はためられないことにある。余ったからといって、貯蔵することができないのだ。そのため、あまり電力の消費がない夜間は電気が余るので、料金を安くして使用を奨励《しょうれい》しているのだ。ムダな電気を作っているとも言えるね。」

――電気が余ってしまったらどうするの？

「揚水発電に使っている。夜、余った電気を使って水を山の上のダムに汲み上げるんだ。そして、昼間にダムから水を落として発電するっていうわけだ。これを揚水《ようすい》発電という。」

――わざわざ水を山の上に持ち上げるなんて、なんだかムダをしてるみたい。昼間はたくさん電力を使っているんでしょう？

「昼間はたくさん使い、夜は減る。そのたびに火力発電の出力を調節すると設備にも大きな負担になるから、昼間の電力消費量に合わせて原発を作っている。そうすれば、一定の電力量は必ず確保できるからね。火力発電所は、その予備のために作っている。」

――でも、そうだとすると火力発電所が余ることになるの？

「そうだ。動かせる火力発電の設備があっても休ませている。原発が故障したり、定期検査で休止したりするとき、休んでいた火力発電の出番になるというわけだ。」

――だったら、火力発電をフル稼働させれば、原発にたよらなくてもいいの？

「かつては、そうだった。しかし、今は六月から九月の三ヵ月間のピーク時は原発を止めたら電気が足りなくなってしまった。夏の暑い時期にエアコン

各発電の稼働時間
（一五二ページの表より、発電電力量を設備容量で割って算出）

火力発電	4,455 時間
原子力発電	5,355 時間
水力発電	1,622 時間

（1 年は 8,760 時間）

を使うからね。」

――それで、うちはほとんどエアコンを使わず、扇風機でガマンしてるんだ。

「よほど耐えられないときはエアコンを使うけれど、よく汗をかくほうが体にはいいいんだ。」

――やせガマンしてる。私はエアコンのほうがいいのに。

「汗をかかなくなると熱中症になりやすい。それを防ぐためなんだ。」

――大きな迷惑だよ。

「でも、暑さに強い体質になっていると思うよ。」

――なんとかガマンしてるけれど。

「おもしろいデータもあるよ。夏のお盆の時期は原発なしでもやっていけたんだ。」

――お盆休みって一番暑い時期じゃない。

「お盆休みで工場が止まり、電力を使う量が減ったのだね。だから、電力使用のピーク時であっても、原発なしでいけたんだ。ところが、それも最近では不可能になった。日本人は働きすぎと言えるね。」

――そうしないと経済力が落ちてしまうからでしょう？

「夏はバカンスの季節だとして、そのときに働かずにやっていってる国もあるから、一概《いちがい》にそうは言えないだろう。しかし、そんなにしてもうけたお金はどこへ行ってるんだろうね。」

――父さんは知らないの？

「企業がため込んでいるとか、ムダな公共事業や軍事費に使っているとか、だろうね。」

――父さんは経済にはくわしくないのね。

「これから勉強しよう。だから、今すぐに原発を止めてしまったら、夏のピーク時は電力が不足するようになってしまった。北海道は冬だけれど。」

――北海道の夏は比較的すずしいけれど、冬は寒いからエアコンをよく使うのね。

「父さんが北海道で暮らしたのは二五年以上前だけれど、そのころ、原発はなかった。冬のあいだは石油ストーブを使ってたからだ。原発ができてから電気のエアコンに切り換えたのだろうね。」

――どうしてエアコンに切り換えたのかな？

「石油は手がかかるからさ。父さんは、タンクに石油が無くなるとガソリンスタンドに買いに行ったし、ポンプでタンクに入れるときは手が汚れて油くさくなる。ところがエアコンだと、リモコンのスイッチひとつ押すだけだからかんたんだ。人間は、便利にした分だけ、なまけ者になった。」

――うちでは、今でも石油ストーブを使っているね。

「石油ストーブでも、あまり風邪《かぜ》をひかないからだいじょうぶだよ。」

――エアコン暖房のほうが楽なのに。

「電気の生活は便利になった分だけ、人間がなまけ者になり、エネルギーを使いすぎる体質になってしまった。それを改めないと原発をストップさせることなんかできないよ。」

——今、アンケートでは原発を止めようという人が半分以上になっているよ。

「うん、それは良いことなんだけれど、実際にどうするか考えなくちゃいけないよ。ムードだけで脱原発と言うのでなく、自分の生活を見なおして節電を実行することだ。」

——どれくらい節電すればいいの？

「ふだんの原発の使用量は二五％と言っただろう？　だから、二五％節電すれば原発なしでもいける。実際には、火力発電設備をフル稼働させれば、一五％くらいでだいじょうぶだろう。今、止まっている原発も多いから、原発にたよる割合は減っている。だから一五％目標だ。」

――一五％って大変ね。

「大変だよ。エアコンが一番電気を消費するけれど、とくに真夏の暑いさかりはどうしてもエアコンを入れたくなるからね。せいぜい窓を開け放って、暑いさかりは働かないようにすればいいんだけれど。」

――みんな、そういうわけにはいかないよ。

「だから、大変なんだ。しようがない、しょうがないと言っていると、けっきょく、前のような生活にあと戻りしてしまい、原発にたよらざるを得なくなる。原発を進めたい人だっておおぜいいるし。」

――ほかのエネルギーに切り換えられないの？

「自然エネルギーがあるけれど、そうかんたんに切り換えられない。設備を作るのに時間がかかるし、お金もかかる。それに、私たちの意識も変わらなくちゃならない。」

——自然エネルギーって言うけれど、本当はどんなエネルギーのことなの？

「その前に、これまでは地下資源文明《ちかしげんぶんめい》であったことを押さえておかねばならない。そして、地下資源文明が曲がり角にさしかかっているってことも。」

——地下資源文明って？

「地下に埋もれた化石燃料や鉄・銅・アルミなどの金属を掘り出して使い、近代文明を築いてきたということだ。」

——化石燃料って石油や石炭などのことね。

「そう、昔の生物が地下に埋められてできたから化石燃料と言う。ウランは、星が爆発するときにできたものだから化石ではないけれど、昔むかしの星が作ってくれたものだから化石と言っていいかもしれない。いずれも地下資源だ。それらは、エネルギーの塊《かたまり》みたいなものだから効率が良い。」

――エネルギーの塊？

「うん、太陽や星のエネルギーがぎっしりつまっているようなものだ。石油や石炭は、太陽のエネルギーを吸った植物でできたものだし、ウランは星の爆発のときに作られた。エネルギーのエッセンスと言えるね。だから、便利で使いやすく、化石燃料にたよるようになってしまった。しかし、地下資源文明は曲がり角にさしかかっている。」

――地下資源文明が曲がり角にさしかかっているって、どういうこと？

「かつては地下資源は無限にあると考えられてきた。でも、そうでないことがわかってきた。そろそろ資源が無くなるって兆候《ちょうこう》が見えてきたからね。一〇〇年はもたないだろうね。そもそも地下資源がなくなってしまうと、地下資源文明も成り立たない。」

――そんなにかんたんになくなるものなの？

「地球は有限の大きさしかなく、こんなにたくさん地下資源を使っているん

エネルギー源の埋蔵確認量
現在と同じ割合で使用するとして、それぞれ次に示す年数分をまかなえる量の埋蔵が確認されている。
石油　四七年
石炭　二七五年
天然ガス　八三年
ウラン　五〇年

だから、そのうちなくなるのは当然だ。」

——ふーん、まだまだあると思ってたけれど。

「さらに、地下資源を使いすぎて廃棄物を捨てる場所も不足してきた。地球は有限の大きさだから、廃棄物の捨てどころが無くなってきたんだ。」

——廃棄物を出さずに、使い尽くすことはできないの？

「それは不可能だ。石油や石炭を燃やせば二酸化炭素という廃棄物が出る。原発だったら死の灰が出てくる。すべてを使いつくしてあとになにも廃棄物を残さないことは、科学の原則によって不可能なのだ。」

——その廃棄物が地球にたまっているの？

「その代表例が空気中の二酸化炭素の量だ。」

——二酸化炭素が空気中で増えているため、地球温暖化が起こっていると言われているね。

「そう、二酸化炭素は化石燃料を燃やして出てくる廃棄物だ。それが空気中にたまってきたということは、地球が浄化できる量をうわまわって排出しているということを意味する。」

——死の灰もそうなの？

「死の灰は原発から出てくる廃棄物のことで、放射能が減るまでに一万年以上も厳重に管理しなければならない。今は、ドラム缶につめて原発の敷地内に保管しているけれど、そろそろ満杯になりつつある。」

——廃棄物を出しすぎているんだ。

「そういうことだ。このままいけば、人間社会がゴミにとり囲まれるようになってしまうだろう。地下資源文明は、入り口の資源も出口の廃棄物も、地球が有限であるという壁にさしかかっているんだ。」

——そう言われると大変ね。じゃどうすればいいのかな？

「地下資源にたよらない文明に切り換えることだ。」

——そんなことができるの？　日本は資源が少ない国だって教わったよ。

「まだ、地下資源という概念から逃れられないでいるからね。でもたくさんの地上資源があるよ。」

――地上資源ってなに？

「太陽からの光と熱、あふれるくらいの水、山には樹木がたくさん生えている。風が海岸縁を吹いているし、火山が多くあるから地熱《ちねつ》も豊かだ。それらみんなは地下資源ではなくて、地上にある資源ばかりだね。それらを自然エネルギーと言う。」

――自然エネルギーって、うちでやっている太陽光発電や太陽熱温水のことね。風力発電もあるし。

「木材などの植物からもエネルギーが取り出せる。これをバイオマスという。ほかに、地熱発電とか潮力《ちょうりょく》発電、海の流れを利用するものだ。家畜のウンコや尿を発酵《はっこう》させたメタンガス発電もあるし、谷川の急流で小さな水車を回す小型水力発電もある。そのように自然界にあふれているエネルギーを利用しようというわけだ。」

——いろんなものがあるね。

「そう考えると、日本は地上資源の豊かな国だろう？　それを利用しない手はないね。」

——自然エネルギーの良いところはなに？

「まず、無限と言っていいくらいたくさんあること。太陽が輝いているかぎり光と熱がやってくる。それによって風が起こり、水を蒸発させるので雨が降り、植物が育つ。木を燃やして電気を作ったり暖房に使ったりしてもいいし。みんなエネルギー源になるだろう？」

——たしか、太陽はあと五〇億年は輝くって言ってたね。

「もうひとつ良いことは、地下資源に比べて環境に悪い影響をあたえることが少ないんだ。自然のものを利用するから、廃棄物も自然が処理しやすいのだ。」

――でも木を燃やせば二酸化炭素が出るよ。

「木が育つあいだに二酸化炭素を吸い込んでいるだろう？」

――あ、光合成《こうごうせい》か。

「燃やしたときにそれを元に戻すのだから、実質的には二酸化炭素を増やすことにはならない。」

――木は切ってしまえばなくなるじゃない？

「植えれば育つだろう？　切る量と育つ量を同じにすれば木がなくなることはない。」

――太陽光発電のパネルは廃棄物になるね。

「いっさい廃棄物を出さないというわけにはいかない。太陽光パネルはリサイクルできるけれど、やはり廃棄物は出さざるを得ない。けれど、化石燃料の二酸化炭素や原発の死の灰に比べたらまだ処理しやすい。」

――そんなに良いところがあるなら、すぐに自然エネルギーに切り換えて原発にたよらないようにすればいいのに。

「ところが、そうかんたんにはいかない。自然エネルギーにはいくつか欠点があるからね。」

――どんな欠点なの？

「まず、エネルギー密度が少ない。」

――エネルギー密度って？

「例えば、バイオマスである木材を燃やせばエネルギーが取り出せるけれど、同じ重さあたりで比べると石油や石炭よりずっと小さい。だから、石油や石炭並みのエネルギーを取り出そうとすると大量に燃やさなければならない。設備が大きくなるし、いつも大量に木材を準備していなければならない。」

――太陽光はどうなの？

「太陽が運んでくるエネルギーは地球全体で見るとすごい量だけれど、単位面積あたりにやってくる量は少ない。だから、わが家の屋根全体にパネルをはっても三キロワットくらいにしかならない。」

——運んでくるエネルギーが少ないんだ。

「そういうこと。必然的に大きな設備にしなければならないから、お金もかかることになる。じゃ、また計算してもらおう。」

——また計算するの？　こんどはどんな計算？

「原発からの電力をおぎなえる分だけ、太陽光発電をしようと思うと、どれくらい費用がかかるかの計算だ。」

——うん、おもしろそうね。やってみるよ。

「まず、原発の設備容量は四八二〇万キロワットだった。これを、わが家のような三キロワットの太陽光発電設備だと、いくつ作らねばならないだろうね？」

——そんなのかんたん。四八二〇万を三で割ればいいのだから、一六〇七万台。

「正解だ。わかりやすくするために、一六〇〇万台として話を進めよう。わが家では二五〇万円かかったけど、今は安くなって一台二〇〇万円くらいでできるらしい。そうすると、全部でいくらになるかな？」

――一六〇〇万台かける二〇〇万円だから、えーと。

「こんなに数が大きいときは、電卓の助けを借りよう。三二の後ろに〇が一二個ついているよ。いくらかな。」

――一、十、百、千、万、十万、百万、千万、一億、十億、百億、千億、一兆、これで〇が一二だから、えーと、三二兆円。

「そうだね、三二兆円かかる。これで日本全体の全電力量の三〇％になる。でもさっき言ったように、一五％の電力をおぎなえれば原発をなくすことができる。この半分を太陽光発電に切り替えられればいいんだね。」

――半分だと一六兆円。ずいぶんかかるね。

「それを一〇年かけて実行するとすれば、一年では？」

――一〇分の一だから、一・六兆円。やはり、高い気がする。

「さて、一年に一・六兆円は高いだろうか？　日本の防衛費予算は、毎年四兆円を使っている。自衛隊が装備している戦闘機や戦車や銃を全部やめて、国土防衛隊にすれば予算は一兆円ですむだろう。それで浮いたお金をまわせば、かんたんに一・六兆円出せるんだ。」

――そうかんたんにはいかないよ。

「そうかんたんではないことはわかっているけれど、政府がとる方針しだいで実現可能だってことがわかるだろう？」

――そう言われればそうだけど。

「太陽光発電の設備が三キロワットで一〇〇万円になれば、半分だから一年で八〇〇〇億円になり、国が原子力に使っている費用とほぼ同じになる。」

――そうなると、すぐできそうな気がするよ。

「メガソーラー計画って知ってる？」

――メガソーラー？

「メガは一〇〇万という意味だけれど、一〇〇万キロワットでなく、一〇〇万ワット（一〇〇〇キロワット）のことで、一〇〇万キロワットの一〇〇〇分の一だ。しかし、三〇〇軒分の家庭の電気が太陽光（ソーラー）でまかなえる。それを日本の空き地のあちこちに作る計画だ。そのような大型の太陽光発電なら、費用は半分になる見込みがある。」

――なんか、実現できそうね。

「世界では、砂漠地帯などでメガソーラー発電が進んでいる。日本でも、もう耕さなくなった田畑に太陽光設備を並べれば、これは実現できることなんだ。お金がかかりすぎるとあきらめないで、いろいろ知恵を出せばいいってことだよ。」

――でも太陽光だったら、晴天のときはいいけれど雨が降ったらダメだし、夜はお日さまが出ないから発電しないし。

「自然エネルギーは、まさに自然の状態に左右されるから、発生する電力が不安定、つまり一定にならないことも欠点だ。」

——風力発電では、風が吹いているときはいいけれど、風が止まると電気が生まれない。

「そんな欠点をおぎなう方法はいくつか考えられているけれど、それだけ余計にお金がかかることにもなる。」

——ふーん、自然エネルギーの利用といっても大変なんだね。

「むろん、それでくじけちゃいけない。いろんな技術を組み合わせると、それらの欠点をおぎなうことができる。」

——どんなふうにして？

「太陽光発電なら昼間作った電気を蓄電池《ちくでんち》にためて夜に使うとか、風力発電ならディーゼル発電と組み合わせていつも同じ出力にするとか、さまざまな工夫ができる。」

——そう考えると、ほかにもいろいろありそうだね。

「将来、有望だと考えられているのが燃料電池だ。」

——燃料と電池が組みあわさっているの?

「そういうことになるね。これは水素を燃やすんだ。つまり、水素に酸素をくっつけて水にするから、水の電気分解とは逆の反応だ。すると反応によって熱が発生するから燃料になるし、その水蒸気によって電気も作ることができる。これを小さな箱にセットすれば、好きなときに電気や熱を取り出せるから電池と同じというわけだ。」

——でも廃棄物が出るのでしょう?

「廃棄物は水だけだから問題はない。」

——ふーん、それができるといいね。

「大型のものは完成されていて、病院などではすでに使われている。問題点は、危険な水素を使うことだ。原発で水素爆発が起こったように、水素がもれ出て空気中の酸素とくっつくと爆発するからさ。」

——用心して使わねばならないのね。

「それが、家庭用の安全で小型なものにするのに時間がかかっている理由なんだ。安全を追求すると、どうしても値段が高くなってしまう。」

——安くて安全なものができると普及《ふきゅう》するのかなー。

「車も燃料電池車になって、ガソリンスタンドではなく水素スタンドの店ができるだろう。各家庭で太陽光発電と組みあわせるようになると思うよ。昼間に余った電気を使って水を電気分解して水素を作り、夜はその水素を使って燃料電池で発電するという具合だ。足りない分は、水素ボンベを備えつけておけばいいし。」

——良いことずくめみたい。

「水素を安全に管理する能力をマスターできねばならないから、まだ時間がかかりそうだ。大型にすると爆発力も大きくなるから、いっそう危険になる。

これひとつにたよるというわけにもいかないんだ。」

――ひとつだけで電気の全部を作り出すことはあきらめるの？

「そういうことだ。どれかひとつに特化しないことが大事なんだ。そのためにスマートグリッドという技術も開発されている。」

――そうすれば、停電が起こらなくなるの？

「いろんな電気をうまく融通することができるからね。これまでは火力発電や原発ですべてをまかなう方式だったけれど、そのような発想を変えることが大事なんだ。」

――でもうまくいくかしら。なんだか心配だね。

「人間って、それまでのやりかたが一番良いと思い込む傾向があって、なかなか新しい方式を受け入れないところがある。新しく自然エネルギーに切り換えるのなら、その配電方式も切り換えねばならないんだ。最初は失敗もあるだろうけれど、そのうちうまくいくようになるよ。」

――父さんは楽観的《らっかんてき》なのね？

「楽観的だから未来に希望を持っている。実際には、これからは君たちが生きる時代で、父さんはもう死んでいるだろうけれど、自然エネルギーを使いこなす時代は必ずくると思っているよ。」

――まあまあそう言わず、父さん長生きして、どうなるか見まもってほしいな。

「すぐにそんな時代がくるわけではないから時間がかかるとは思うけれど、もっと早く実現できれば父さんも見ることができるというわけだ。」

技術の転換

――自然エネルギーへの転換がなにをもたらすのかな？

「いま言ったように、自然エネルギーはそれひとつだけですべてをまかなえるわけではない。大規模に大量生産できないから、必然的に化石燃料とは異なった技術に変えていかねばならない。」

——化石燃料の技術って？

「強力なエネルギー源だから、それを有効に使うために設備を大型化し、一ヵ所に集めて集中化し、同じ方式で生産するという一様化の技術としてきた。そのほうが安い値段で大量生産できるというわけだ。」

——原子力発電所がそうなっているね。

「原発一基で一〇〇万キロワットも発電し、一ヵ所に三基とか六基とかまとめて建設し、全部同じタイプの原子炉にしている。それだけで使っている電気の一〇分の一も発電する。」

——いろんな工場もそうなっているの？

「製鉄や石油の精製所がそうだし、クルマの生産や化学工場もそうだ。現代の生産方式は大型化・集中化・一様化技術でおこなわれている。」

——効率がいいんだ。

「そういうことだが、大きな欠点がある。」

――欠点ってなに？

「ひとつは、今度の原発事故からもわかるように、それがなんらかの災害にあって動かなくなったら、影響が非常に大きくなる。いっぺんに生産のすべてが止まってしまうからね。」

――計画停電しなければならないくらい電気が足りなくなったね。

「二つ目は、人間がなまけ者になり、ものを大事にしなくなってしまったことだ。」

――えー、そんなこと関係があるの？

「大量生産してくれるから、すべてそこにまかせてしまう。これを父さんは「おまかせ体質」と呼んでいる。電気は電力会社、ガスはガス会社、水は市町村などの自治体に、おまかせしてるだろう。私たちは、スイッチや蛇口やコックを動かすだけでなんでも動かせるから、手をかけて世話しなくてすむようになった。それだけに、ものを大事にしなくなり、大量消費し大量に廃棄する生活が当たり前になってしまった。」

——値段が安ければそうなるよ。

「それが地下資源文明の最大の欠点だと思うよ。浪費《ろうひ》体質だ。けれど、それはもろい。いったん危機になるとどうしようもなくなってしまう。そういう意味で、地下資源文明の曲がり角にきていると父さんは言っているんだ。」

——では、どうすればいいの？

「技術の形を見なおすことだ。」

——技術を見なおすって、どうすること？

「これまでの大型化・集中化・一様化の技術から、小型化・分散化・多様化の技術へと転換させることだ。自然エネルギーがそれにぴったりだね。」

——もうちょっとくわしく話して。

「太陽光発電を考えてみよう。あれはひとつが三キロワットくらいの小型で、あちこちの屋根に分散して設置するし、いろんな発電のひとつのやりかたにすぎない。大型の風力発電といってもせいぜい一〇〇〇キロワットくらいだから、家三〇〇軒分くらいの電気を生むだけだ。燃料電池だって同じだ」

——だから組みあわせることが大事なんだね。

「父さんは、すべてを小型化・分散化・多様化しなければならないと言っているわけではない。組みあわせのひとつとしてそれらの技術を組み入れていくべきなんだ。」

——そんな技術にするとなにが良いのかな?

「災害などの危機のとき、小回りがきくから役に立つ。電気がこなくなっても太陽光発電で昼間は電気が使えるし、水道管が破裂しても井戸水が使える。」

——ガス管も壊れたよ。

「ガスは携帯《けいたい》用のガスボンベを使ったり、家庭用プロパンも活躍《かつやく》した。みんな小型化・分散化・多様化の技術だろう?」

——下水管が壊れてトイレに困ったでしょう?

「それには工事現場に置かれているポットン便所が使われた。むろん、その処理が大変だったけれど。」

——おふろが使えなくなった。

「おふろは、水と燃料と湯船が必要だから、それらをそろえるのに時間がかかったのだろうね。ま、おふろに入れなくても人間は生きていける。」

——病気がはやりやすくなるよ。

「おふろトラックを発明したらどうだろうかね。湯船を乗せたトラックだ。」

——お父さん発明したら?

「考えておく。そんな危機のときだけでなく、ふつうの生活においても小型化・分散化・多様化の技術はとても役に立つよ。」

——どんなふうに役に立つの?

「生産と消費と廃棄が近くなるから、ものを大事にして節約するようになる。」

――太陽光発電をするようになってから、うちも節電するようになったね。

「すぐそばで電気を作ってくれているんだから浪費するのはもったいないと思うようになる。廃棄物の処理も自分でするようになると、まだ使えるうちに捨てるのはもったいないから使い捨てしなくなる。もったいない精神が身につくんだ。」

――うちは生ゴミも処理してるね。

「電気を使う生ゴミ処理機を使っているけれど、それでゴミの量がとても少なくなった。「おまかせ体質」とはまったく正反対だね。」

――自分で管理するってことが大事なんだね。

「そういうこと。飼い犬に手をかけて世話をするとかわいくなるのと同じかもしれない。」

——大事にしたいという気にはなるね。

「地産地消《ちさんちしょう》という言葉を知っているかい？」

——地元のものを地元で使うってことでしょう？

「よく知ってた。それと同じで、近くで生産し近くで消費すると、そもそも長い距離を輸送しなくてよいから新鮮だし、輸送のエネルギーもかからないし、大量生産する必要もない。大きく言えば地方自治だ。」

——地方自治ってなんのこと？

「すべて国の政府におまかせするのが中央集権で、各地域が自分で自分のことを決めていけるのが地方自治。中央集権だと政府が平均の考えかたですべて決めてしまうけれど、地方自治だと自分たちできめ細かくいろんな問題が処理できる。」

——でも、福祉や医療や教育などは国がやらねばならないでしょう？

「むろん、外交や金融や道路などもふくめて、国が責任を持たねばならないことも多い。けれど、生活にかかわること、個人が責任をもっておこなうことなんかは国が口を出すべきではない。だから、どちらかではなく、どちらもなんだ。」

——大型化・集中化・一様化の技術と小型化・分散化・多様化の技術の両方を組み合わせるのと同じね。

「まさにそういうことだ。大型化・集中化・一様化の技術は中央集権型で、小型化・分散化・多様化の技術は地方分権的と言えるね。」

文明の転換

——自然エネルギーをもっと使うようになると世の中変わっていくのかしら。

「父さんは、大きく変わると思っている。地上資源文明時代がくると。」

——地上資源を使う時代になるってこと？

「それだけではなく、根本的に現代の文明とは異なった新しい文明が拓《ひら》かれていくと思うんだ。」

――また、父さんの空想なの？

「空想かもしれないけれど、必ずそうなっていくだろうという確信もある。そうでなければ人類は生きのびられないから。」

――おおげさね。

「エネルギーだけでなく、いろんな物質の材料としても地上資源を使うようになるだろうね。」

――どんなもの？

「今、プラスティックやポリエチレンやビニールなどの化学樹脂《じゅし》は石油で作られているだろう？　石油が少なくなったら作られなくなる。これらを天然の樹脂に切り換えていくようになる。植物からは油がとれるからそれを石油の代わりにすることもできる。」

――うちのゴミ箱は竹をあんだものだね。

「なんでもプラスティックになっているから、少しは自然のものを使おうと思ってね。プラスティックやビニールはかんたんに自然が処理してくれないから、ゴミとなってたまっていくし、燃やすと二酸化炭素を放出する。」

――ほかにはどんなものがあるの？

「薬や染料なども、今は石油から作られているものが多い。それは貴重なものだから、石油を燃やさず、そんな製品を作るためにとっておくのが大事だと思うよ。しかし、昔は染料は植物から作っていたし、薬なら今でも植物や動物から取り出して、それと同じ物を化学合成している。自然がお手本なんだ。」

――でも、そんなにたくさんできないでしょう？

「それは研究すべきことだ。石油という便利なものがあるから、これまで地上資源の研究にあまり力を入れてこなかったけれど、研究すればもっと良い物ができる。これからの科学・技術は、きっと地上資源をいかに有効に利用するかに重点が移っていくと思うよ。」

——そんなにかんたんにいくかしら？

「むろん、時間はかかる。しかし、研究のためにお金をかけ、多くの研究者が挑戦するようになれば、地上資源を使った文明に転換できると、父さんは信じている。」

——なんだか昔にもどるみたい。

「単純に昔にもどるわけではない。江戸時代がそうだったけれど、それ以後に人類が獲得してきた科学や技術の知識は積み重なっているから、もう一段進んだ新しい文明を創《つく》っていくことになるんだ。」

——そうなるといいね。

「なんだか他人ごとみたいに言ってるけれど、じつはこれは君たちの世代の課題なんだよ。」

――えー、そんなことになるの？

「地上資源文明はこれから三〇年くらいの準備期があって、五〇年先くらいに本格的に展開するだろう。まさに、君が大人になって活躍する時代にやらねばならないってことだ。」

――大変な役割だね。

「大変だけれど、やりがいがあって楽しいと思うよ。なにしろ新しい文明を創り出していくんだから。父さんたちの時代は地下資源文明に毒されていて、なかなか先が読めない時代だった。それが大きく変わるのだから、きっと夢があるよ。がんばってほしいな。」

――やはり父さんは楽観的ね。

あとがき

　東日本大震災そして福島の原発事故が起こって半年になる。地震と津波だけならば、犠牲者の数が二万人を越えたとはいえ、復興への道のりは一直線で考えやすかっただろう。むろん、阪神淡路大震災の復興過程においてさまざまな問題が生じ、現在もなお後を引きずっているから単純ではないが、衆知を尽くして設計図を引くことに集中できるからだ。しかし、今回は状況が異なる。原発事故が勃発し修復のための格闘が依然として続いており、放射能汚染の恐怖は去らず、現地周辺地域の復興計画が建てられずにいる。周縁住民の疎開が強要され、土地を放棄せざるを得ず、住居・仕事・医療・教育など山積する問題に対しこの先どうなるかの見通しも立てられない。この状況が数年続くことは確実であり、まだまだ困難が継続することは疑いない。

　この原発事故が起こって初めて、私たちは異様な国に住んでいたことをしみじみと認識させられた。地震や津波に絶えず襲われる国であるにもかかわらず、五四基もの原発を海岸縁に建設して安逸さを貪ってきたことだ。原発が危険な放射能を大量に内蔵していることを知りつつ、安全神話を信じ込み、エネルギー浪費の体質に染まっていた。都会の人間は電気がどこで生産されているかも知らず、そこに潜む差別の構造を見て見ぬふりをしてきた。原発事故はそれらを反省する契機となって、生活ぶりを見直し、反原発・脱原発のムードは高くなっている。しかしながら、今なお原発に固執し、既存の路線を踏襲しようという勢力も依然として多い。そのせめぎ合いが今後どうなるかわからないが、私は今回の事故を奇貨にして世界に先駆けて文明の転換を図る国にしなければならないと考えている。そのために必要なことは、一〇年くらいの先行きまでしっかりした計画を立てることである。それは私たちの努力と社会の合意で可能になる。それをしなければ多数の犠牲者や苦難を強いられている人々に申し訳ないではないか。

本書は、原発の仕組みや放射能・放射線など原子力に関わる問題を整理しながら、原発が抱えている諸問題や文明のありようにまで踏み込んで書いたものである。原発事故が起こった直後に、別の出版社から原発の問題点を指摘した本を書くよう依頼があったが、断らざるを得なかった。震災と原発事故に大きなショックを受けるとともに、安全神話を振りまいてきた人々に対する怒り、政府や東電の無責任さへの絶望に捕らわれており、まともな本にならないと思ったからだ。ようやく事故から四ヵ月ばかり経った今落ち着きを取り戻し、これまで私が主張してきたことをまとめればなんとかなると思えるようになった。おそらく類書は山のように出版されるだろうけれど、「娘と話す」スタイルでやさしく、しかし的確に書けば読んでもらえるのではないか、そう考えて執筆し、原稿を持ち込んだ。一ヵ月足らずの短い間で仕上げられたのは、常々考えてきたことであったためかもしれない。

阪神淡路大震災が起こって以来、これから五〇年先の世の中はどうなるのだろうと考えるようになった。地下資源に依存した近代の科学・技術文明の脆弱さと負の遺産を未来世代に押しつける無責任さを痛感するようになったからだ。むろん、五〇年先には私という人間は存在しない。しかし、今なにがしかのことを言い残しておかねばならないと追い立てられるような気持となった。五〇年先には、資源枯渇が露わになり、資源確保のための世界戦争が起こるかもしれない。悪化した環境からの復讐で飢餓・疫病・気候変動などによる人類の大量死を迎える可能性もある。それらの事態を想像すれば、現在から手を打っておかねばならない。「我が亡き後に洪水よ来たれ」では、あんまり無責任に過ぎるではないか。少なくとも、浪費に明け暮れ、負の遺産だけを残している世代においても、未来を想像して警告を発する人間がいた、それがせめてもの償いとなるのではないか、と大げさに考えたのだ。

そこで地下資源文明から地上資源文明への転換、大型化・集中化・一様化の技術から小型化・分散化・多様化の技術への転換を言うようになった。地上資源の豊穣さに目を向け、そこそこの幸福で満足して、持続可能な社会を目指すべきだ、と。欲望過多の時代から欲望抑制の時代へ移行すべきなのである。それは単なる空念仏のように聞こえていたかもしれないが、今回の原発事故の勃発によってにわかに現実味を帯びてきたように感じている。実際、節電によって原発無しでもエネルギーが賄える状況になりつつある。これを拡大して生活全般を見直し、また社会の浪費構造を改める第一歩とすべきだろう。

そしてまた、私のこのような考え方を次世代を担う若者たちに伝えておきたいと思った。現在の生き方のままでは早晩行き詰まる、今の段階からできることをやっていき、文明の転換期を軽やかに乗り越えることを願ってのことである。若者たちは現代文明に色濃く染まってはいるが、時代の先行きを見る目も備えている。かれらが壮年期を迎える頃には確実にその時期がやってくることをうすうす感じているが、ただ現代の風潮に合わせているに過ぎないのではないか。しかし、そのまま何もせず惰性にまかせていれば、いざというときに慌てて対処しようとしても間に合わない。今のうちから文明の行く末を見定め、心構えと現実の行動を準備しておかねばならないのだ。その意味で、対話相手に若者を想定した「娘と話す」シリーズに執筆できたことを喜んでいる。

本書は、『娘と話す　地球環境問題ってなに？』と重複する部分もあるが、原発という地球環境に挑戦する問題の一部始終を取り上げただけに、より具体的で、より現実感を持って話すことができたのではないかと思っている。本書を完成させるにあたって現代企画室の小倉裕介氏に大いにお世話になった。感謝したい。

二〇一一年九月一〇日
東日本大震災の半年を前にして

池内　了

著者
池内 了(いけうち さとる)
1944年兵庫県生まれ。京都大学大学院理学研究科博士課程修了。現在、総合研究大学院大学教授・学融合推進センター長。著書『科学は今どうなっているの?』『ヤバンな科学』『科学の落し穴』(以上、晶文社)『寺田寅彦と現代』『科学者心得帳』(以上、みすず書房)『時間とは何か』『パラドックスの悪魔』(以上、講談社)『物理学者と神』(集英社新書)『疑似科学入門』(岩波新書)『科学の考え方・学び方』(岩波ジュニア新書)『娘と話す 科学ってなに?』『娘と話す 地球環境問題ってなに?』『娘と話す 宇宙ってなに?』(以上、現代企画室)ほか多数。

娘と話す　原発ってなに?
発行　2011年10月1日　初版第一刷　2500部
定価　1200円+税
著者　池内 了
装丁　泉沢儒花(Bit Rabbit)
発行者 北川フラム
発行所 現代企画室
150-0031 東京都渋谷区桜丘町15-8-204
TEL03-3461-5082　FAX03-3461-5083
E-mail gendai@jca.apc.org
URL http://www.jca.apc.org/gendai/
振替　00120-1-116017
印刷・製本　中央精版印刷株式会社
ISBN978-4-7738-1112-4 Y1200E